1984年の御嶽くずれ

長野県西部地震（M.6.8）による伝上川最上流の巨大崩壊。御嶽火山を構成する「御嶽第一軽石」の剥離崩壊と思われ、跡地の大半がそれに覆われている。(☞ p.49)

崩土の中の治山工事

白山火山の湯ノ谷には「治山ダム群」と呼んでもいい施設がある。堅固な岩盤の上ならば施設自体で持つかも知れないが、ここは完新統の脆弱崩土の中である。連携施設が望まれる。(☞ p.53)

変質帯での治山工事

蔵王火山の硫黄鉱山跡の治山工事現場。抗道図を参考にしても危険性は不明なのだが、地表ではダムの傾きや不自然な凹凸から、すでに落盤して動いたのかも知れない。治山工事の中止と流出防止の方策が求められる。（☞ p.54）

板状節理

蔵王火山の完新統の岩脈らしく、変質も見られないのでダム建設の足場に利用した。（☞ p.55）

柱状節理

新第三系の安山岩。海岸に聳立する景観は古くから観光地となっている。(☞ p.55)

地すべり地形

新潟県頸城地方は新第三系のため「地すべり」地形が多い。泥質で固結度の低い岩質と雪の多い気候だからだろうか。(☞ p.89)

山腹の剥離崩壊

　新期の白山火山は溶岩が薄いので、火山体の下部基岩（手取層群）の傾きによっては地すべり（剥落）をおこす。この写真の場合も大規模の地すべりである。（☞ p.89）

ヘリコプター緑化工

　航空機利用の緑化工は、撒布機の開発がポイントとなるので、種子・肥料・被覆剤の何れをも如何にして撒くかによって、技法も異なってくる。（☞ p.96）

図　説
森林土木と地形・地質

農学博士
牧野　道幸

J-FIC

発刊に寄せて

　永い間にわたって音信のなかった著者から突然電話があり、この本の発刊を知った。

　彼と初めて会ったのは50年ほど前だったと思う。当時、彼は前橋営林局（現関東森林管理局）治山課、私は林業試験場（現森林総合研究所）防災部に勤務していて、栃木県足尾山地の大荒廃地を前にして、今後の治山をどのように進めていくべきかを議論し合った。彼は、それまで全国的に行われた国有林野土壌調査を約15年間にわたって分担してこられた実績もあって、土壌から地形、地質にいたるまでの造詣の深さに感心したことを覚えている。

　その後、彼は当時の六日町営林署長を最後に、乞われて定年前に応用地質株式会社の技師長に転出されたと聞いていた。しかし、そこは短期間で自主的に退職され、自ら立地研究所を設立されて全国を歩き回られることとなった。官庁や大会社における制約を離れて全国の山々を思う存分に調査し、現実のさまざまな森林環境に接して森林の生育基盤である土壌、地形、地質の知見を一層深めたいという願望が極めて強烈であったのであろう。

　独立されてからの苦労は並々ならぬものがあったであろうが、それらを克服しながら全国を精力的に調査された合間には、林野庁の林業講習所で毎年行われている森林土木技術者や専攻科生に対する研修の講師を30年余にわたって続けられた。

　この著作は、この研修に用いられたテキストを土台にしたものと思うが、現場定着の姿勢を貫いた彼だけに、その大部分を占める「現地の事例と地形・地質」や「現場で役立つ調査手法」の記述のなかには、現地の実態把握を根気よく続けなければ書けない部分が少なくない。一般の地形や地質の図書とは違う面が多く、治山や林道などの森林土木事業に直結した地形、地質を幅広くまとめた本としては初めてのものと思う。

　治山事業が現代的な法整備のもとで開始されてから100年を経過し、これから新たな発展が求められる時期であり、また、安定した林道網の整備も大きな課題になっている。このような折に、森林生育基礎の安定に不可欠な要素である地形や地質についての図書が「治山事業百周年記念事業」の一環として出版されることは誠に時宜を得ていると思う。

　森林土木事業の実行者はもとより、その計画を策定されているコンサルタント関係の技術者、さらには、森林地域における斜面の安定に関心のある研究者にも是非読んでいただきたい労作と言い得る。

平成25年3月

農学博士・技術士（治山）
元 林 業 試 験 場 長　難波　宣士

目　　次

発刊に寄せて……………………………………………………（難波宣士）…3

はじめに………………………………………………………………………7

1　私たちの山河と森―第四紀の出来事と現在の地表― ……11
　1－1　後氷期の森…………………………………………………13
　1－2　日本列島の付加体…………………………………………17
　1－3　火山…………………………………………………………19
　1－4　地震と活断層………………………………………………24
　1－5　台風と豪雨…………………………………………………26
　1－6　巨大崩壊……………………………………………………28

2　岩石の区分とテフラ ……………………………………………29
　2－1　森林土木に役立つ岩石の区分……………………………31
　2－2　テフラ………………………………………………………31

3　斜面の浸食と堆積 ………………………………………………35
　3－1　斜面の地形区分……………………………………………37
　3－2　地表面の第四紀堆積物……………………………………37

4　現地の事例と地形・地質 ………………………………………41
　4－1　完新統は水を含むと魔物になる…………………………43
　4－2　シラス台地の浸食…………………………………………44
　4－3　火山体の浸食………………………………………………45
　4－4　岩石の割れ目と風化………………………………………54
　4－5　岩盤の古傷（岩盤クリープ）……………………………61
　4－6　風化作用・変質作用・粘土鉱物…………………………64
　4－7　林道の加速的浸食…………………………………………68
　4－8　脆弱な岩盤の浸食…………………………………………73
　4－9　断層破砕帯の崩壊…………………………………………73

4－10　土石流⋯⋯⋯⋯⋯⋯⋯⋯⋯⋯⋯⋯⋯⋯⋯⋯⋯⋯⋯⋯⋯⋯⋯⋯⋯⋯⋯81
　4－11　地すべり⋯⋯⋯⋯⋯⋯⋯⋯⋯⋯⋯⋯⋯⋯⋯⋯⋯⋯⋯⋯⋯⋯⋯⋯⋯88
　4－12　緑化工⋯⋯⋯⋯⋯⋯⋯⋯⋯⋯⋯⋯⋯⋯⋯⋯⋯⋯⋯⋯⋯⋯⋯⋯⋯⋯93

5　現場で役立つ手法⋯⋯⋯⋯⋯⋯⋯⋯⋯⋯⋯⋯⋯⋯⋯⋯⋯⋯⋯⋯⋯⋯⋯⋯99
　5－1　堆積物の厚さ推定法⋯⋯⋯⋯⋯⋯⋯⋯⋯⋯⋯⋯⋯⋯⋯⋯⋯⋯⋯101
　5－2　崩壊危険地の予測⋯⋯⋯⋯⋯⋯⋯⋯⋯⋯⋯⋯⋯⋯⋯⋯⋯⋯⋯⋯108
　5－3　事業地の予習法⋯⋯⋯⋯⋯⋯⋯⋯⋯⋯⋯⋯⋯⋯⋯⋯⋯⋯⋯⋯⋯115
　5－4　クリノメーターの使い方と応用⋯⋯⋯⋯⋯⋯⋯⋯⋯⋯⋯⋯⋯⋯117

あとがき⋯⋯⋯⋯⋯⋯⋯⋯⋯⋯⋯⋯⋯⋯⋯⋯⋯⋯⋯⋯⋯⋯⋯⋯⋯⋯⋯⋯129

引用図の出典と参考書⋯⋯⋯⋯⋯⋯⋯⋯⋯⋯⋯⋯⋯⋯⋯⋯⋯⋯⋯⋯⋯131

はじめに

1．森林土木技術者の基礎知識の一つとして

　山を歩くと、私たちの目に入る地形、斜面の形、植生、樹々を育てる土、そして足元の石、林道のり面に露出した岩盤、山を造っている地層や岩体……。

　この私たちの職場である山や森林は、いつから、どのようにしてできたのでしょうか。そして、これからどんな変遷をたどるのでしょうか。

　林業は、自然の秩序にしたがって変遷する山々の、表層の土地利用の一つです。

　自然の秩序に従って動いてゆく山の姿を、しっかり捉えてこそ林業はできるのだと思います。森林技術者のなかでも、とくに森林土木技術者は、山の姿が見えなければなりません。森林経営のための「地表層の管理」を担当するプロだからです。

　山の姿をしっかり見るための基礎知識の一つとして、これから解説する地形・地質の分野は非常に重要です。この基礎知識を足がかりに、今後仕事をしながら、自分自身の技術として「自然の秩序のなかで、現地の特性に合わせて、必要な技術を創造する」、そのような技術化ができることを願っています。

　山の見えない森林土木技術者は、例えて言えば、病人の診察もできない「ヤブ医者のようなもの」といえるでしょう。一方、ヤブ医者的でない、まともな森林土木技術者にとっては、山は楽しく、興味深く、そして親しいものになるでしょう。

　森林土木技術者の基礎知識として、少なくとも次の7項目を習得することが必要です。

　　①日本列島の生い立ちと変動帯
　　②日本列島の土台をつくっている付加体の性状とその林地
　　③付加体を貫いた火成岩や火山、あるいは新しい堆積地層とその林地
　　④縄文時代以降、現在の気候下における地形形成に伴う地表の堆積物（完新統）と
　　　森林土壌および森林生産と森林土木事業
　　⑤留意すべき脆弱な岩盤（風化・変質・変成・圧砕）と森林土木事業
　　⑥宿命的な岩石の割れ目と森林土木事業
　　⑦クリノメーターを使って、現地で地形・地質断面図を描ける技術（岩石の名前
　　　（岩石の分類）を知っていると便利）

2．災害の多い日本列島の中で

　恐ろしい自然の猛威も大災害も、時を経るにしたがって、住みやすい平穏な時と自然の

恵みの中に忘れ去られる、というのが私たちの感覚のようです。

しかし、日本列島は世界有数の災害多発地域です。

日本列島は、変動帯の一部であり、かつ温帯多雨帯であるという立地条件にあります。その上、人口密度が高いため、土地利用は自然の地形形成という自然の秩序にそむいて進められることが多くなっています。

生活・生産圏の急速な拡大は、立地条件を無視することすらあります。

自然の開発・改造は、その管理保全が伴って、はじめて開発・改造といえますが、現状では、自然の開発・改造に伴った今後の加速的浸食（人為的崩壊災害）は、増大していくように思われます。

言うまでもなく、火山災害、地震災害、崩壊・土石流・地すべりなどによる土砂災害、台風・集中豪雨による気象災害、豪雪・冷害・凍上などの寒冷災害、そのような自然災害といわれるものにも大なり小なりの人為的要素がかかわっています。

このことは、森林土木技術者としても常に意識し、念頭に置いておく必要があります。

3．山地の開発・防災事業と森林土木技術者

過去の災害地をみますと、立地条件を充分に考慮しないで自然の秩序にそむいた計画・設計・施工、あるいは予算を伴わない未熟施工、または逆に過剰施工、というようなことが問題点として指摘できます。

自然の秩序にそむいた例をあげますと、林道開設にあたり、剥げやすくなった地層の層理や岩石の割れ目を無視してカットしたり、完新統の崖錐堆積物や土石流堆積物を不用意に掘削したり、断層破砕帯や変質帯を無防備に開設したというケースが身近に見られます。

森林地帯での災害は、平地部や都市部に直接的な影響が及びにくいことが多いため、あるいは施工評価が外部からできにくいこともあって、開発・地表改造に伴う土構造物の保全管理が充分でないことがあります。また、それらの災害地点の設計の多くが、熟練技術者によるものであることも注目を引きます。

あるいはまた、災害にかかわらないとはいえ、森林施業のミスにも、地形・地質の判断ミスと考えられる事例があります。

木材生産、山地リゾート開発、林道開設、治山事業などの多くは、事業対象地域が山間部という事情もあって、外部からの技術的視線を浴びる機会が少なく、設計・施工の技術評価も内部の甘さを許しがちになっているのではないでしょうか。

自然に背かず、災害が起きないよう仕事を進めるためには、森林土木技術者が、森林土木事業のみでなく、森林施業を含めて、すべての企画・計画の段階から参加して、積極的に発言をすることが大事です。

その発言の力となるものこそ、「立地条件の把握診断による地形・岩盤の利用、そして

災害の予知と予防」です。

　その原動力となる心構えには、地学的な術語も岩石の名前も必要はなく、自然を素直に見る、色眼鏡なしの、マニュアルなしの、あるがままの自然の姿を掴もうという謙虚な気迫と自信だけで充分です。

　自然の姿を掴み得たら、自ずと対策も、一つと限らずいくつかを案出できるでしょうし、あるいは遭遇する災害時にも、直ちに効力を発揮できるでしょう。

４．技術のワークショップ（workshop）

　「技術のワークショップ」ができる職場の技術者は恵まれています。

　一方、「技術のワークショップ」のできない職場の技術者にとって、独習ということは大変苦しく難しいことです。しかし、「森林土木技術者こそ林地の管理を担当するプロだ」というプライドを持って、山や岩石そして森林とともに、対話を交わすような親しみをもって仕事を進めてほしいと思います。日常、山を歩きながら、「技術のワークショップ」をやっているんだ、という意識は、有効な対策の案出にきわめて効果的です。

　たとえ単独の山歩きでも、多くのアングルからの考え方を生み出せるからです。

　これは森林土木技術者の初心者から熟練者までを通して大事なことですし、森林にかかわるすべての技術者にとって、半ば宿命的な研讃手法といえます。

1

私たちの山河と森

―― 第四紀の出来事と現在の地表 ――

1-1　後氷期の森

「はじめに」で述べたように、森林土木技術者が山歩きをしようとするとき、まず必要なのは最小限の知識です。もし、「第四紀」とか「後氷期」の意味がわからない人は、この章の「第四紀の出来事と現在の地表」をしっかりと理解して下さい。

まず、日本列島のすがたを**図1**にみてみましょう。

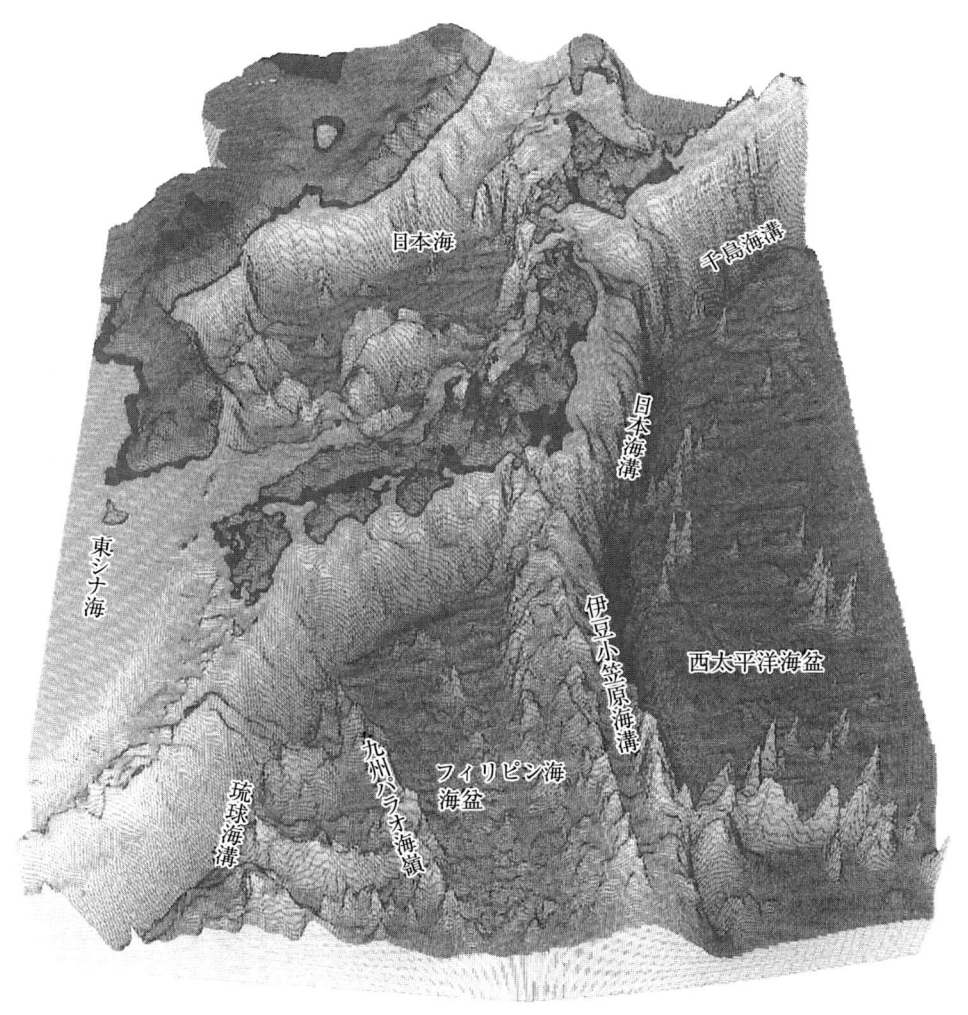

図1　日本列島のすがた
地質調査所　岸本清行（1986）による。
海水を除いて見た日本列島付近の大地形。高さは40倍に誇張されている。

次に、地球誕生からの地上を考えるつもりで、地質時代からの「ごく最近の第四紀」を図2に見てみましょう。そして図3と図4をみると、日本列島の現在の森林帯が理解できます。

地質時代の編年

最終氷期（約2万年前）の古地図

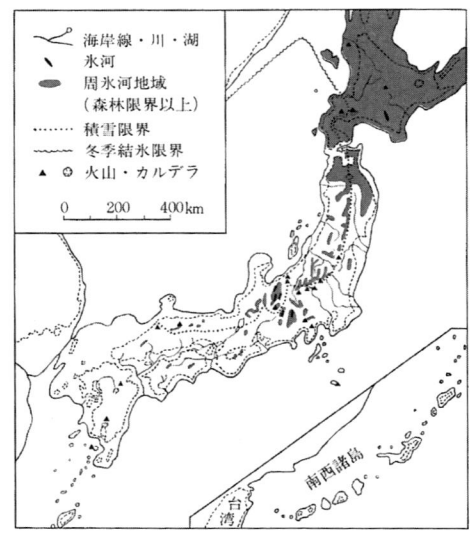

図2 最終氷期以降の地表変化

1 私たちの山河と森　15

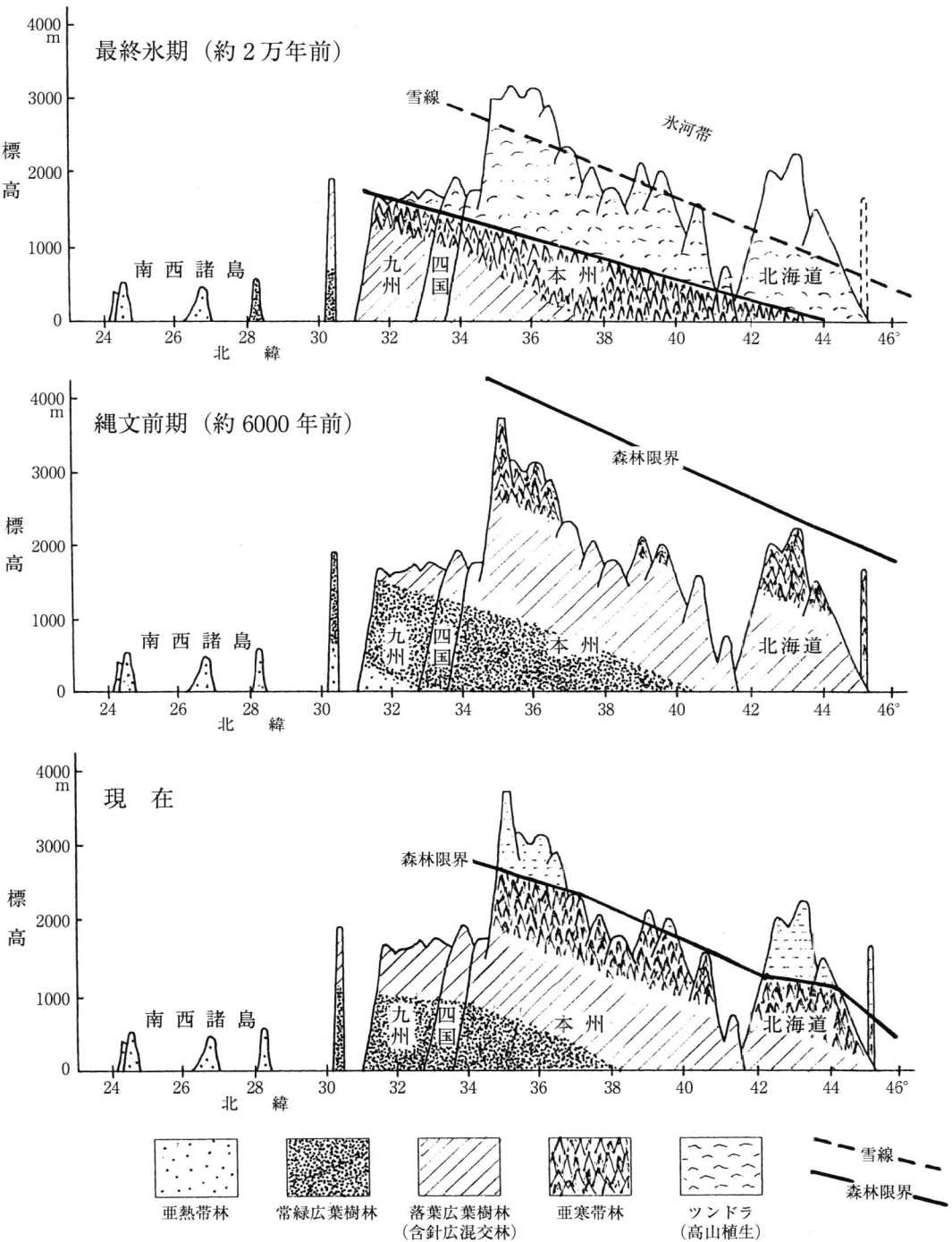

図3　最終氷期からの森林変遷

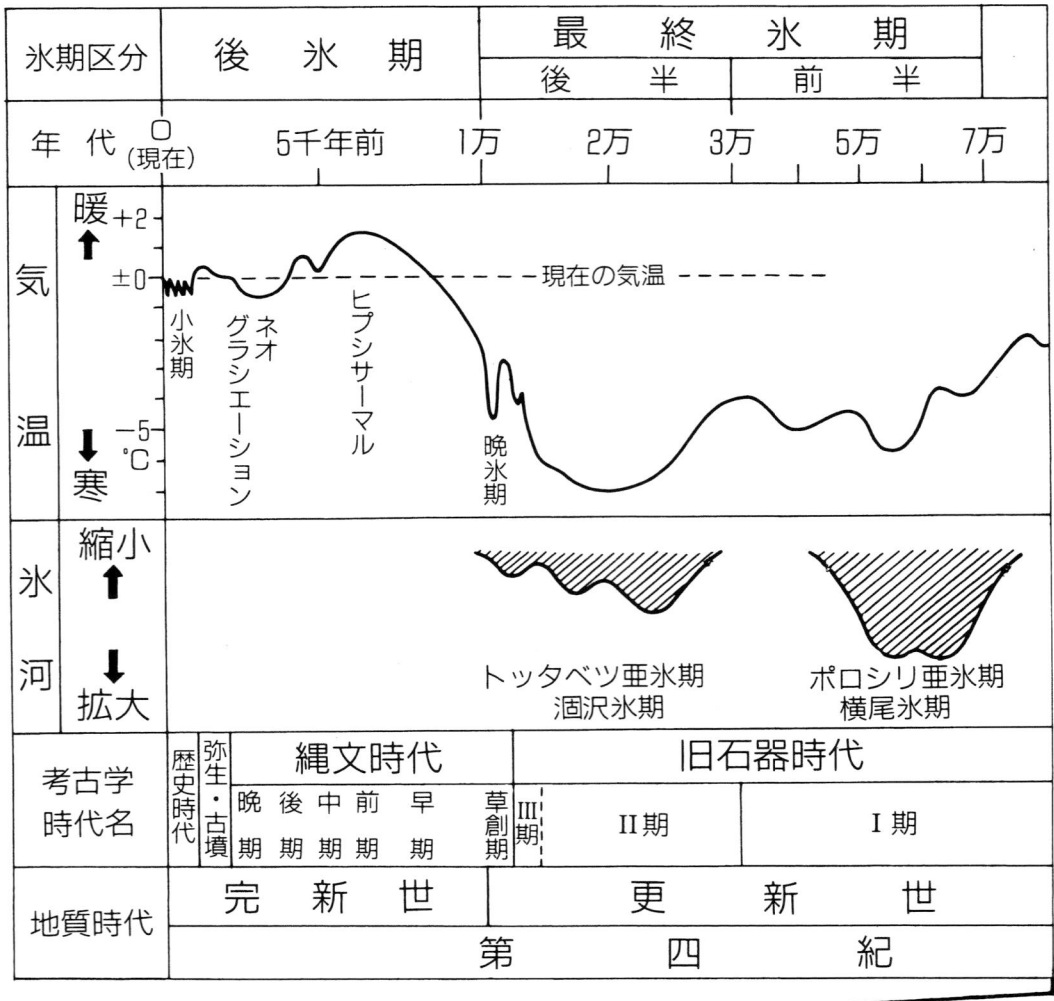

図4　最終氷期から現在までの年表

　つまり、後氷期のなかでも縄文時代には、青森付近の森林帯が現在の関東地方と同じような植生帯（気候帯）であり、「縄文の海進」時代と符号すると考えられます。私たちが仕事をするこの地表は、大きく変遷しているといえます。

　日本列島の森林帯が海洋の影響を受けていることも、考慮しなければならない重要な要素です。

1-2　日本列島の付加体

　図5と図6から、日本列島はユーラシアプレートの東側に、北から北アメリカプレート、東から太平洋プレート、南からフィリピン海プレートに押されて形成され、日本列島の火山帯もプレート構造の影響を受けて構成されていることがわかります。

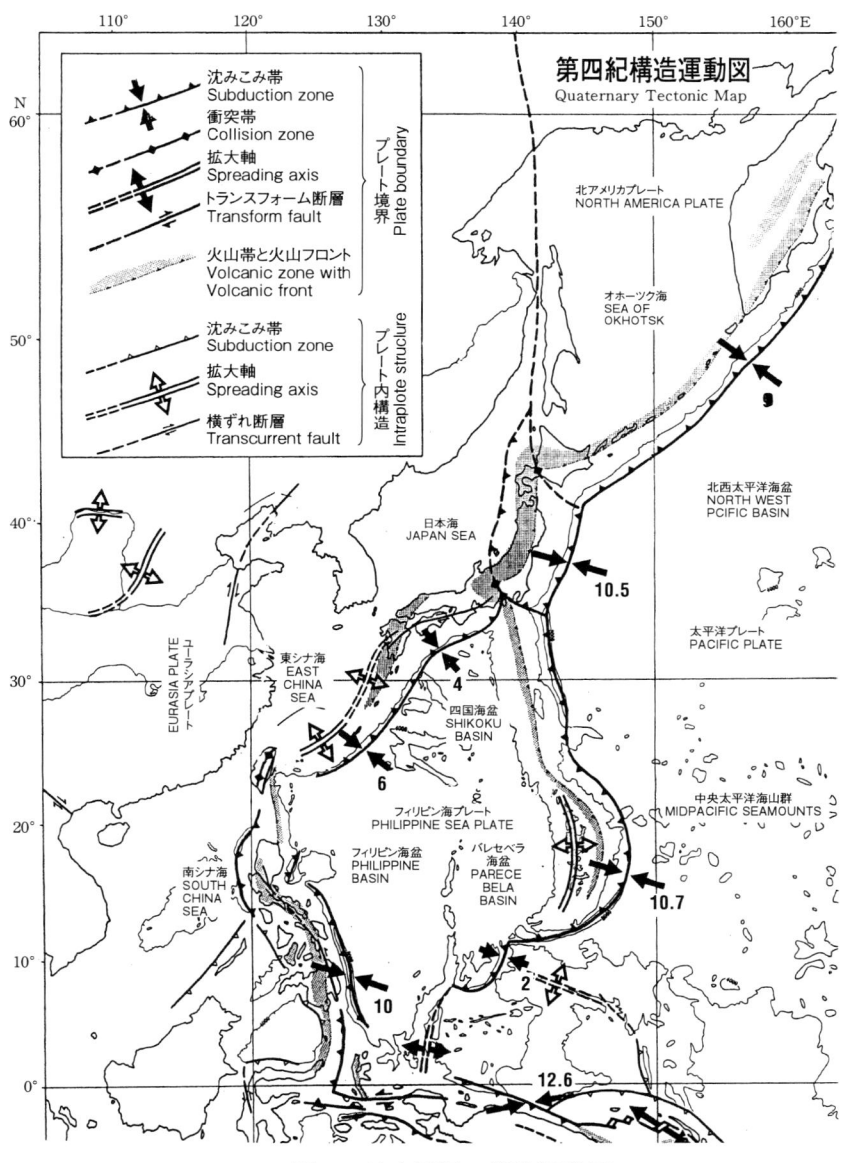

図5　日本周辺の構造運動図

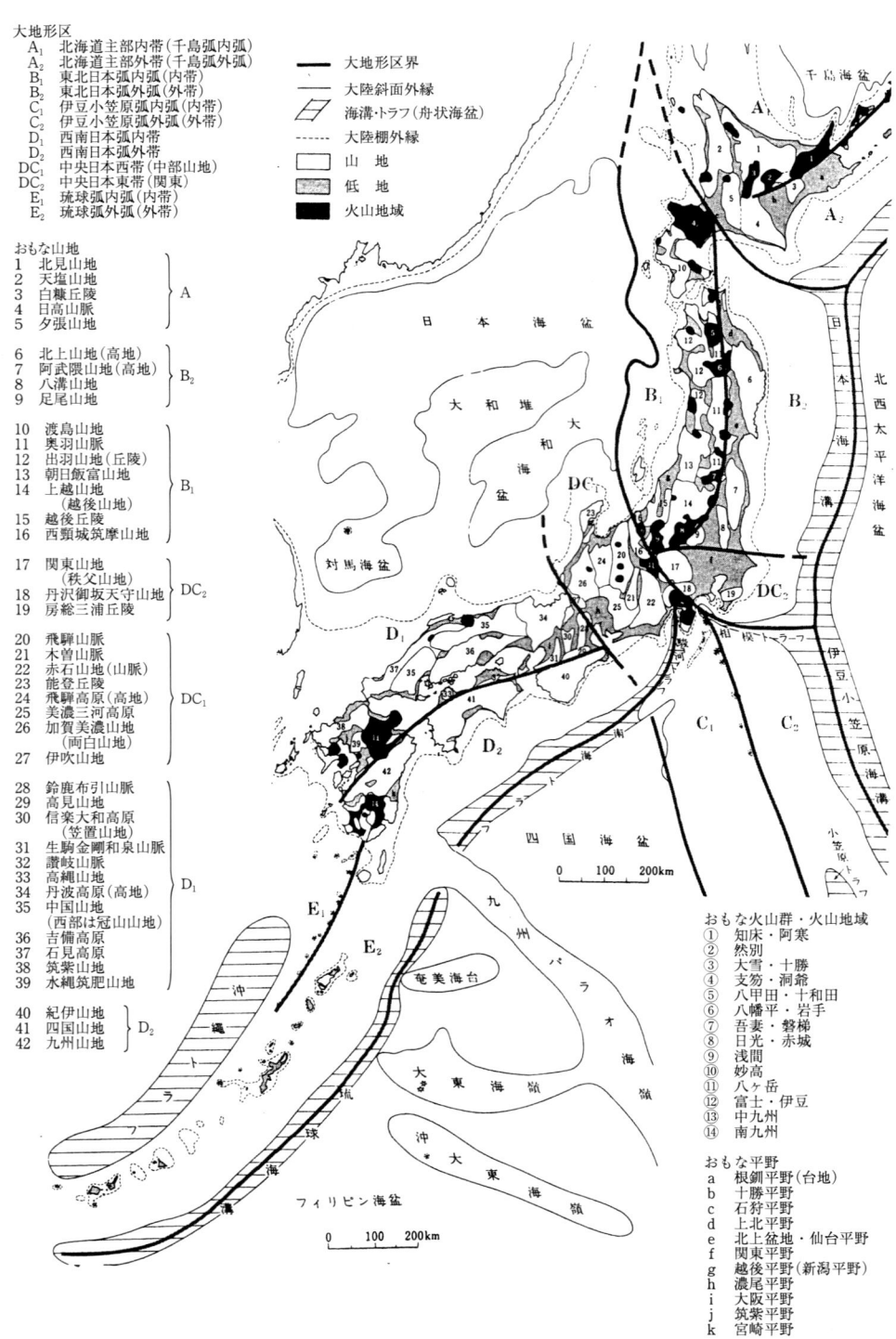

図6　日本列島の地形区分

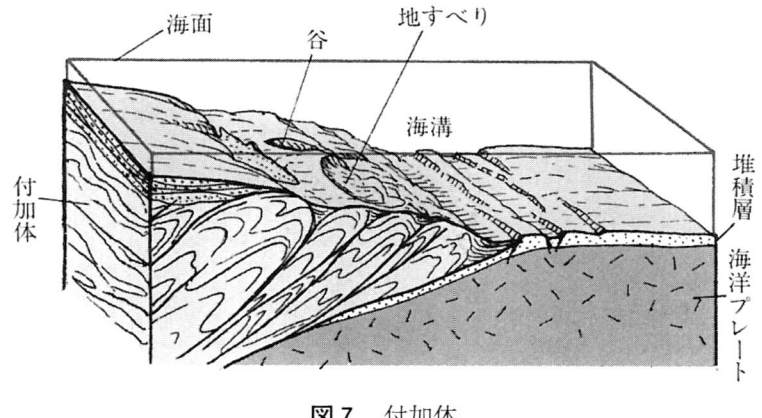

図7　付加体

　このことは、日本列島の火山・活断層・地震という地表での出来事だけでなく、日本列島の地体構造とも言える付加体の堆積・分布に関係しています。
　図7は付加体を説明したもので、**図8**は、日本列島の地質的骨格図ともいえます。ただし**図8**では新第三紀と第四紀の堆積物や火山、そして古い地層を貫いた花崗岩を除いていることに注意して下さい。
　この付加体は、私たちが「ヂヤマ」とか「基岩」あるいは「母岩」といっているものと異なることもあり、**図8**を参考に現地の地質を見ることが大切です。
　現地では、**図8**で取り除かれた「新第三紀と第四紀の堆積物や火山、そして古い地層を貫いた火成岩」と「基岩」との関連を把握し、森林土木としての基岩を選択しなければなりません。

1-3　火山

　火山国日本と言われるように、日本列島は火山と地震の多いことが特徴です。**図5**と**図6**を見直すと、日本列島の火山フロントがプレートの沈み込みに沿っていることに気づきます。
　マグマだまりから地上に向かってマグマが動いて火山活動が起きると考えられ、地表や地下浅所で噴火・陥没・爆裂などを引き起こして多大の災害をもたらします。

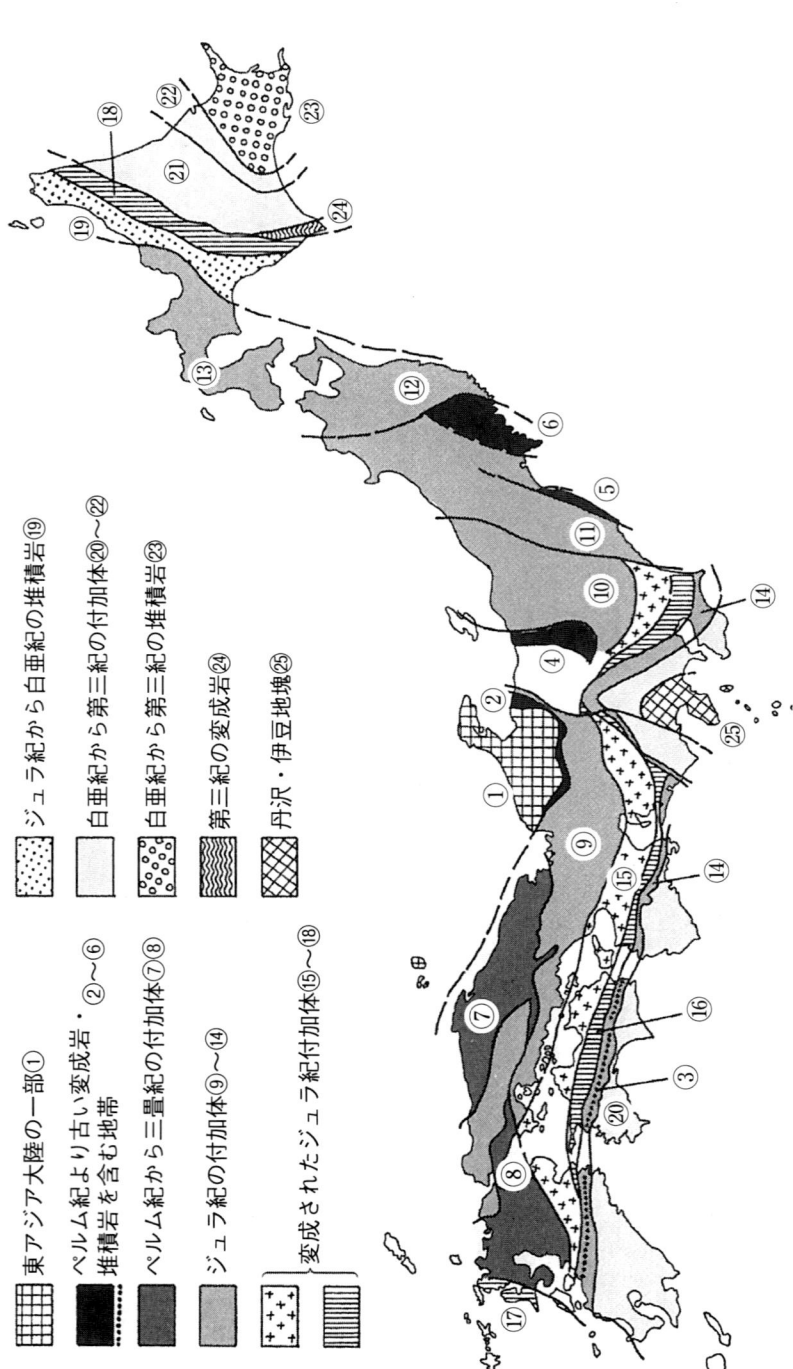

日本列島の地体構造図．日本列島からは第四紀や新第三紀末期の堆積物を取り除いた図．日本列島は，東アジア大陸の一部（①飛騨帯，隠岐帯），ペルム紀より古い変成岩・堆積岩を含む地帯（②飛騨外縁帯，③黒瀬川帯，④上越帯，⑤阿武隈東縁帯，⑥南部北上帯），ペルム紀から三畳紀の付加体（⑦三郡帯，⑧山口帯），ジュラ紀の付加体（⑨美濃・丹波帯，⑩足尾帯，⑪北部北上帯，⑫渡島帯，⑬秩父帯，⑭領家帯），変成されたジュラ紀付加体（⑮領家帯，⑯三波川帯，⑰長崎帯，⑱神居古潭帯），ジュラ紀から白亜紀の堆積岩（⑲空知・エゾ帯），白亜紀から第三紀の付加体（⑳四万十帯，㉑日高帯，㉒常呂帯，㉓根室帯），白亜紀から第三紀の変成岩（㉔日高変成帯），丹沢・伊豆地塊（㉕）に区分することができる．

図 8　日本列島をつくっている付加体

図9は日本の活火山と大きい地震を、また、**図10**は世界の変動帯上の災害分布を示したものですが、火山災害・地震災害ともにプレートの分布と符合することが注目されます。

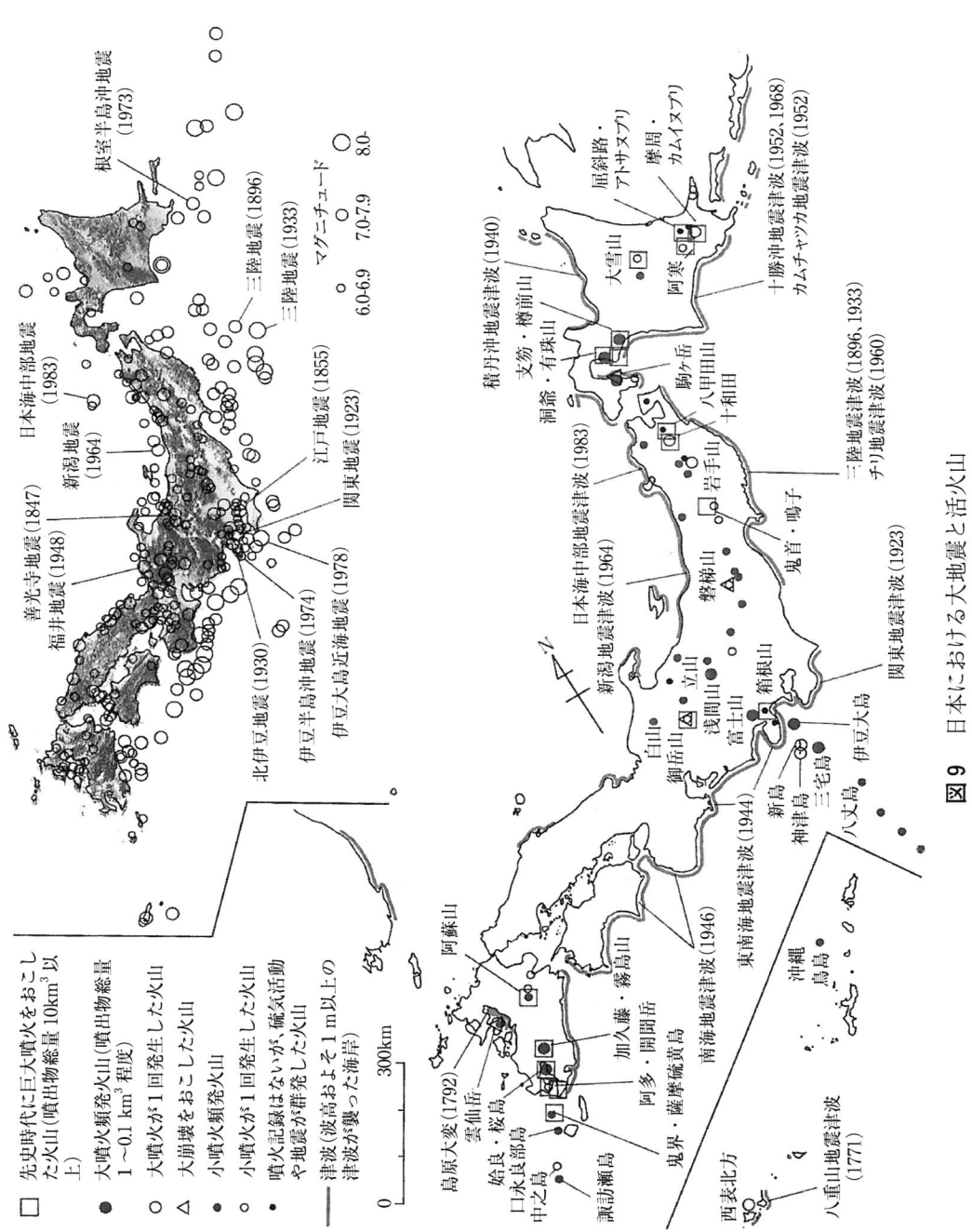

図9 日本における大地震と活火山

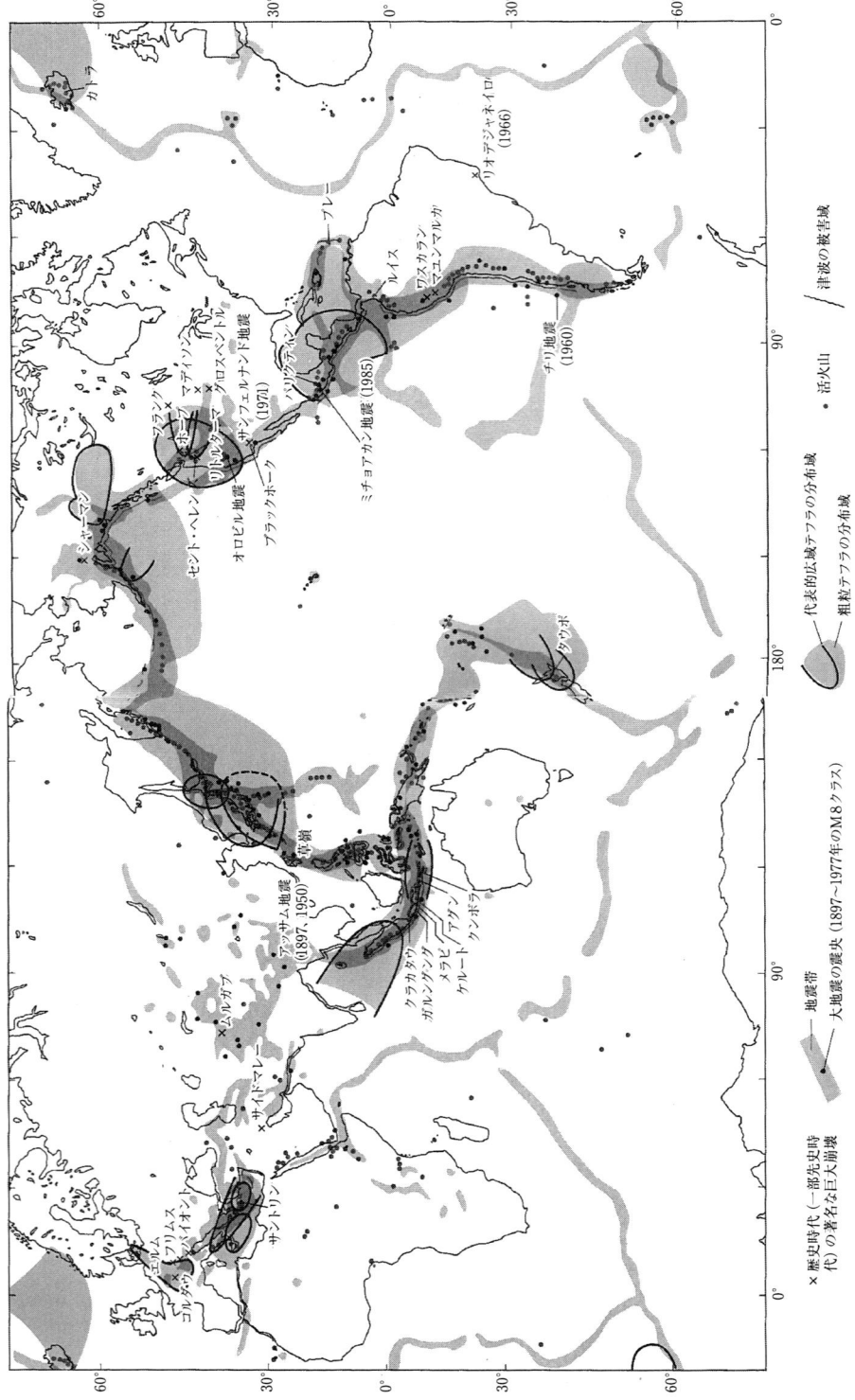

図10 世界の火山・地震・津波・山地崩壊による災害地図

図11は、雲仙普賢岳の火砕流災害の際に、地質調査所に展示されたものです。当時、マスコミでは大火砕流と報じられましたが、火砕流の区分からみるときわめて小規模な火砕流といえるものでした。

現在までの日本最大級の火砕流は「阿蘇4」と呼ばれるもので、7～9万年前の阿蘇山噴火の際に、九州の大半を覆い、さらに九州から海の上を山口県まで流走堆積しました。

火山の火砕流は、日本列島各地にみられ、火山国日本を実感させるものとなっています。

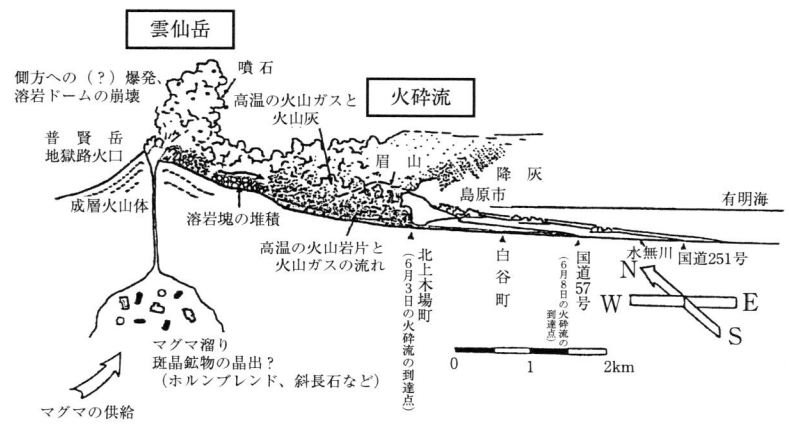

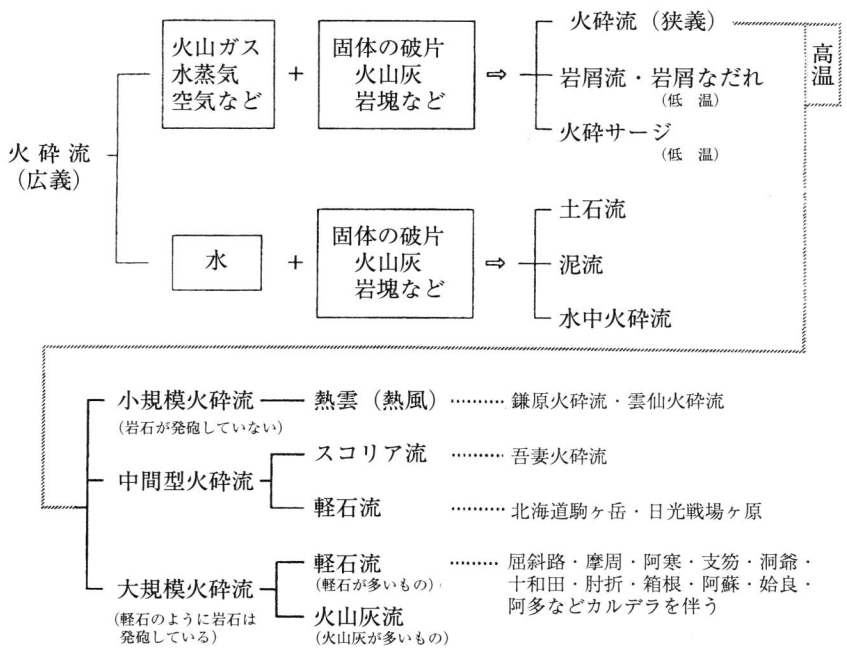

図11 火砕流

1-4　地震と活断層

　火山と地震の多い日本列島は、活断層も多くなっています。**図12**は日本付近の地震分布を、**図13**は地震・活断層の分布と活断層の密度を示したものです。両図をみるだけでも、日本列島の険しさがわかります。活断層とは、現在のところ確定した定義はありませんが、

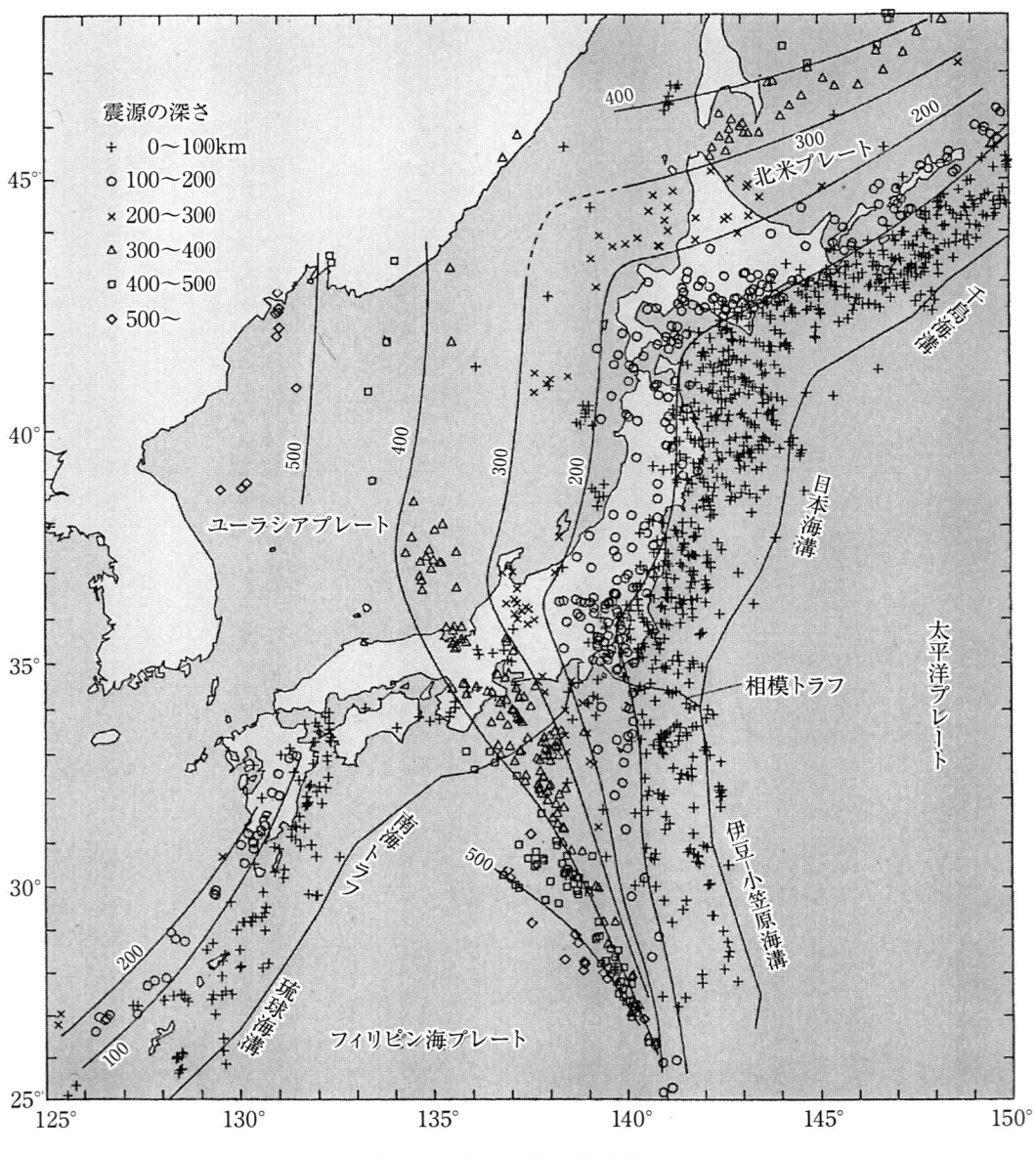

図12　日本付近の地震分布

図13 活断層・地震の分布と活断層密度

今後も活動するかもしれない断層のことです。

1-5　台風と豪雨

　台風も豪雨も、日本列島ではごく当然の現象で、もともと日本列島の住民としてはそれほど苦にならない問題でした。しかし、最近は異常気象の様相の中、予想もしない被害が生じることが多くなってきました。規模の大きい洪水、竜巻など、日本では聞き慣れなかった現象が、日常的に報道されるようになってきました。

　地球温暖化の問題とともに、このような異常気象はさらに進行していくのでしょうか。

　図14は、川の浸食の速さの分布を示したもので、日本列島は世界の中でも大きいことがわかります。

　多雪地域で人口密度が大きいことも、日本列島の特徴です。

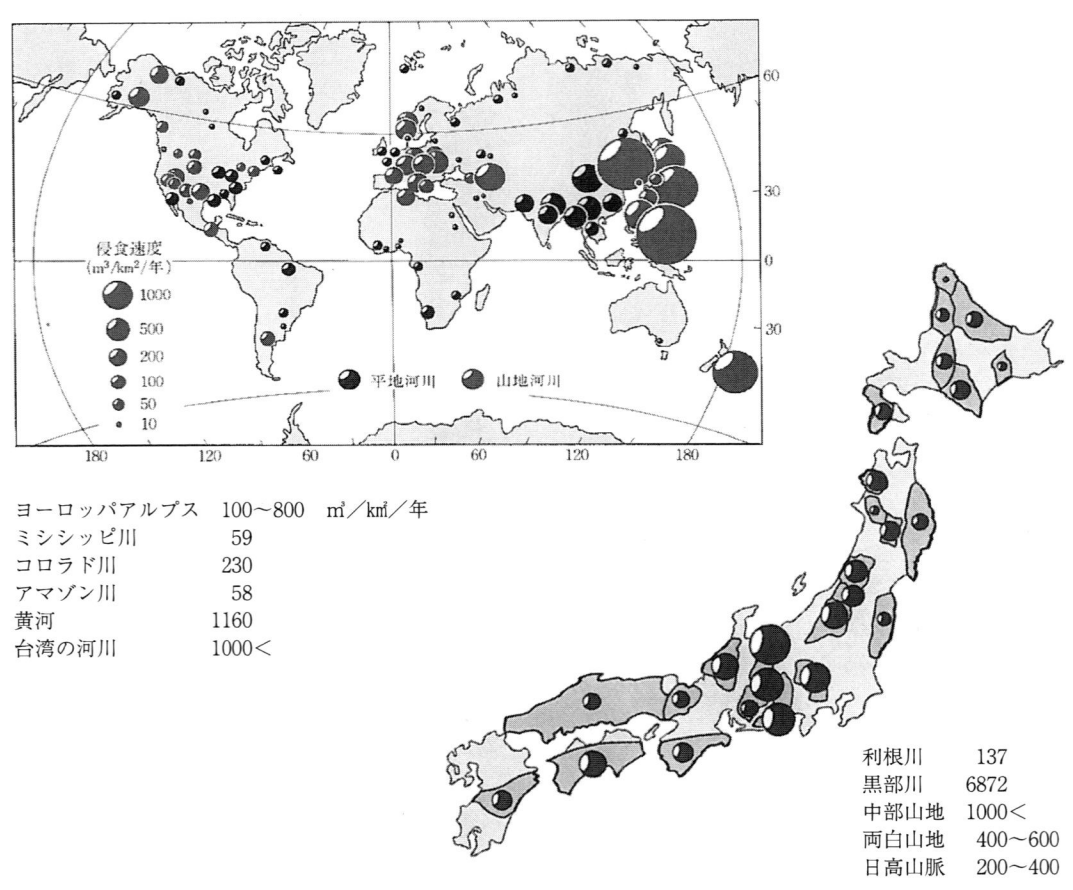

ヨーロッパアルプス　100〜800　㎥／㎢／年
ミシシッピ川　　　　　59
コロラド川　　　　　　230
アマゾン川　　　　　　58
黄河　　　　　　　　1160
台湾の河川　　　　　1000＜

利根川　　　137
黒部川　　6872
中部山地　1000＜
両白山地　400〜600
日高山脈　200〜400

図14　川の浸食の速さ

16世紀以降に発生した日本山地の巨大崩壊（町田 洋：1984）

崩　　壊 （県名・河川名）	崩壊年次	誘　因	崩壊物総量 （千万m³）	崩土の主 運動様式	到達距 離(km)	崩壊地の地形・地質	災害・影響
大谷崩れ （静岡・安倍川）	1530 〜1702	豪雨・地震	12	土石流	>10	古第三紀層（砂岩・ 頁岩）の急峻山地	支谷をせき止め、金山集落 を埋める.
帰雲崩れ （岐阜・庄川）	1586	地震	1〜3	地すべり	3	濃飛流紋岩山地	帰雲城と城下町の埋没.
加奈木崩れ （高知・佐喜浜川）	1746	?	3	土石流	3.5	古第三紀層（砂岩・ 頁岩）の山地	
眉山 （長崎・島原）	1792	地震, 水蒸気爆 発, 熱水上昇	11〜48	岩屑流	6	溶岩円頂丘斜面	島原の半分が埋没, 岩屑流 入水し大津波が発生. 死者 1万〜1万5000人.
立山大鳶崩れ （富山・常願寺川）	1858	地震	27〜41	岩屑流	6	急峻なカルデラ壁 （上部溶岩, 下部風化 した花崗閃緑岩）	二次的土石流が2回発生. 30〜40 km流下.
磐梯山 （福島・長瀬川）	1888	水蒸気爆発	150	岩屑流	11	成層火山の一峰	村落埋没し, 河川せき止め. 死者472人.
稗田山 （長野・浦川）	1911	地下水？	15	岩屑流	6	成層火山の一峰	村落埋没し, 河川せき止め. 土石流発生.
御岳伝上崩れ （長野・伝上川）	1984	地震	4	岩屑流	12	成層火山の斜面	死者15人. 河川せき止め.

日本列島は地殻変動が大きいため、未固結の岩石が山をなす。破砕帯も地殻変動の産物であり、温泉は岩石を粘土化する。このような変動帯の特徴が、そのまま山地崩壊に結びついている。（小島圭二：1980）

図15 日本における巨大崩壊

1-6　巨大崩壊

　地震・豪雨・断層の多い日本列島では、地形発達に伴って、浸食崩壊が起こります。その中でも巨大崩壊と呼ばれる崩壊があり、記憶に新しいところでは、木曽の御嶽山の「伝上崩れ」（1984年）があります。

　前ページ（p.27）の**図15**は、日本における主な巨大崩壊を示したものです。

　最近「深層崩壊」という表現がありますが、巨大崩壊と同義です。

2
岩石の区分とテフラ

2-1 森林土木に役立つ岩石の区分

　岩石の区分は、なぜか森林土木技術者が不得手としてきたもので、現地に行っても触れたがらない傾向があり、「軟岩・硬岩」の区分認識に止まることが多いのが実情でした。
　これではヤブ医者並みですので、思い切って手にとって、「どんな石なのか？」「色は？」「鉱物は？」「堅さは？」「重さは？」と追求してみれば、だんだん石の方から「生い立ち」を教えてくれるようになります。
　これは実際にやってみなければ理解できないことであり、ルーペを手にやってみる以外に方法はありません。最も初歩的な教科書を読んで、まず石を手にすることです。
　「火成岩・堆積岩・変成岩」のおおよその区別がつくようになったら、つまり鉱物が見えるようになったら、岩石の区分にかかりましょう。ただし、専門的な岩石の分類ではなく、**表1**に示す程度の区分で充分であり、森林土木事業に必要な硬軟や作業性については適宜付け加えていけばいいでしょう。
　表1の分け方で、どちらにしようか？と迷う場合は、現地での感覚的な主観でいいですから、思い切って決めましょう。教科書どおりの典型的な岩石に、簡単に遭遇するものではありません。もし、感覚的な主観が偏っていたにしても、既存の地質図などを参考にして、適宜、訂正していけばいいのです。火成岩・堆積岩・変成岩の区分に間違いがなければ、気にしなくても大丈夫です。

2-2 テフラ

　テフラ（火山噴出物あるいは火山砕屑物）は、日本列島の至る所に見られます。その分布を**図16**に示しました。火山国の日本では、噴火してから偏西風に乗ってテフラが広がります。しかも、それぞれのテフラの噴出年代がほとんど判明しているので、新旧の地層や崩壊地の調査には好都合です。
　テフラの噴出起源や名称がわかっている場合は、資料によって調べられますが、もし不明な場合は、できる限り火山体からの運搬・堆積と性状を把握して処理方法を考えましょう。噴出起源そのものが不明で、土木処理に問題がある場合は、適宜、特定の仮称を与えればいいでしょう。

岩石のSiO₂ (重量%)	多い 66%		52%	少ない 45%
平均比重	2.6		2.8	3.0
岩石の色 (有色鉱物の量)	(白っぽい) 0%	10%	35%	(黒っぽい) 60%

火成岩

細粒(火山岩)	流紋岩、石英安山岩(デイサイト) Dacite	安山岩	玄武岩
中粒(半深成岩)	斑 岩 (ポーフィリー) Porphyry		粗粒玄武岩
粗粒(深成岩)	花崗岩	閃緑岩	斑糲岩(はんれいがん)

堆積岩

- 火山噴出物：降下火山噴出物（火山灰〜火山砂、軽石）→風化→ローム Loam
  （テフラ）Tephra
   火砕流堆積物（軽石流の温度が低いとシラス）
   （軽石流が厚く高温堆積すると溶結凝灰岩）
   凝灰岩 　（火山灰＋火山砂＋火山礫）　　火山体から遠くまで分布
   凝灰角礫岩（火山灰＋火山角礫）　　火山体や火山麓扇状地の周辺に分布
   火山角礫岩（火山灰＋火山岩塊）　　　　火山体や火口の直下に分布

- 砕屑岩：礫岩、砂岩、泥岩（頁岩→粘板岩）、緑色岩（変質火砕岩）
   礫＞2.0mm＞砂＞0.06mm＞泥（シルト＞0.004mm＞粘土）

- 生物岩：石灰岩、チャート Cheat

変成岩

- 広域変成岩：千枚岩・黒色片岩．緑色片岩．石英片岩．片麻岩
- 接触変成岩：ホルンフェルス．大理石 Hornfels

地球内部の岩石（火成岩）

橄欖岩（かんらんがん）［黒っぽくて重い…比重3.3］
（橄欖岩は熱水の作用によって、蛇紋岩に変質する）

岩石の分類ではないが、留意すべき脆弱化した岩石

- 変質岩（熱水作用により粘土化した岩石）
- 圧砕岩（断層破砕帯で圧砕された岩石）
- 断層粘土（断層破砕帯の圧砕岩が、地下水や熱水によって粘土化したもの）
- シーム（岩石の割目が、熱水・噴気の通り道になり、粘土鉱物が晶出沈殿したもの）
  Seam

表１　森林土木に役立つ岩石の区分

火山・テフラ名	（略号）	種類	噴出年代	火山・テフラ名	（略号）	種類	噴出年代
北海道				神津島天上山	（Iz-Kt）	afa	838AD
樽前 a	（Ta-a）	pfa	1739AD	榛名二ツ岳渋川	（Hr-FA）	pfa	6世紀初頭
樽前 b	（Ta-b）	pfa	1667AD	天城カワゴ平	（Kg）	pfa	2.8~2.9ka
有珠 b	（Us-b）	pfa	1663AD	男体今市・七本桜	（Nt-I·S）	pfa	12~13ka
駒ケ岳 d	（Ko-d）	pfa, afa	1640AD	浅間草津	（As-K）	pfa	}13~14ka
*白頭山苫小牧	（B-Tm）	afa	0.8~0.9ka	浅間板鼻黄色	（As-YP）	pfa	
摩周 b	（Ma-b）	pfa	1ka	浅間白糸	（As-Sr）	pfa	15~20ka
摩周 f	（Ma-f）	pfl	}6.5~7.2ka	赤城鹿沼	（Ag-KP）	pfa	31~32ka
摩周 g~j	（Ma-g~j）	pfa		箱根新期火砕流	（Hk-Tpfl）	pfl	}49(~60)ka
樽前 d	（Ta-d）	pfa	8~9ka	箱根東京	（Hk-TP）	pfa	
摩周 l	（Ma-l）	pfa	11~13ka	立山 E	（Tt-E）	pfa	60(~75)ka
利尻ワンコノ沢	（Rs-Wn）	pfa	<15ka	箱根小原台	（Hk-OP）	pfa	66(~80)ka
恵庭 a	（En-a）	pfa	15~17ka	*御岳第1	（On-Pml）	pfa	80(~95)ka
*クッチャロ庶路	（Kc-Sr）	pfl, afa	30~32ka	立山 D	（Tt-D）	pfa	95~130ka
支笏火砕流	（Spfl）	pfl	}31~34ka	**近畿・中国**			
*支笏第1	（Spfa-l）	pfa		*鬱陵隠岐	（U-Oki）	pfa	9.3ka
銭亀女那川	（Z-M）	pfa	35~45ka	*大山倉吉	（DKP）	pfa	43(~55)ka
クッタラ第1	（Kt-1）	pfa	40~42ka	大山生竹	（DNP）	pfa	(80)ka
クッタラ第6	（Kt-6）	pfa	≧49ka	*三瓶木次	（SK）	pfa	80(~100)ka
*洞爺	（Toya）	afa	}90~120ka	大山松江	（DMP）	pfa	<130ka
洞爺火砕流	（Toya pfl）	pfl		**九 州**			
*クッチャロ羽幌	（Kc-Hb）	afa	}100~130ka	桜島大正	（Sz-1）	pfa	1914AD
クッチャロ4	（Kc-4）	pfl		桜島文明	（Sz-3）	pfa	1471AD
				池田湖	（Ik）	afa	5.7ka
東 北				*鬼界アカホヤ	（K-Ah）	afa	}6.3ka
十和田 a	（To-a）	pfa, afa	915AD	〃 幸屋火砕流	（K-Kypfl）	pfl	
沼沢1	（Nm-1）	pfa	5ka	〃 幸屋	（K-KyP）	pfa	
十和田中掫	（To-Cu）	pfa	5.5ka	桜島薩摩	（Sz-S）	pfa	10.5ka
十和田南部	（To-Nb）	pfa	8.6ka	霧島小林	（Kr-Kb）	pfa	<16ka
肘折尾花沢	（Hj）	pfa	9.5~11ka	*姶良 Tn	（AT）	afa	
十和田八戸火砕流	（To-Hpfl）	pfl	}12~13ka	〃 入戸	（A-Ito）	pfl	}22(~25)ka
十和田八戸	（To-HP）	pfa		〃 大隅	（A-Os）	pfl	
秋田駒柳沢	（Ak-Y）	pfa	12~13ka	九重第1	（Kj-Pl）	pfa	30~35ka
鳴子柳沢	（Nr-Y）	pfl, afa	41~63ka	*阿蘇4	（Aso-4）	pfa	}70(~90)ka
安達愛島	（Ac-Md）	pfa	60~83ka	〃 火砕流	（Aso-4pfl）	pfl	
				姶良福山	（A-Fk）	pfa	70~75ka
関東・中部				*鬼界葛原	（K-Tz）	afa	75(~95)ka
浅間天明	（As-A）	pfa	1783AD	阿多	（Ata）	afa	}85(~105)ka
富士宝永	（F-Ho）	sfa	1707AD	阿多火砕流	（Ata pfl）	pfl	
浅間天仁	（As-B）	pfa	1108AD				

注　＊：図16-2に分布の大要を示したもの．
　　Pfa：降下軽石，sfa：降下スコリア，afa：降下火山灰，pfl：火砕流．
　　ka：1000年前，AD：西暦．

図16-1 日本の第四紀後期広域テフラ

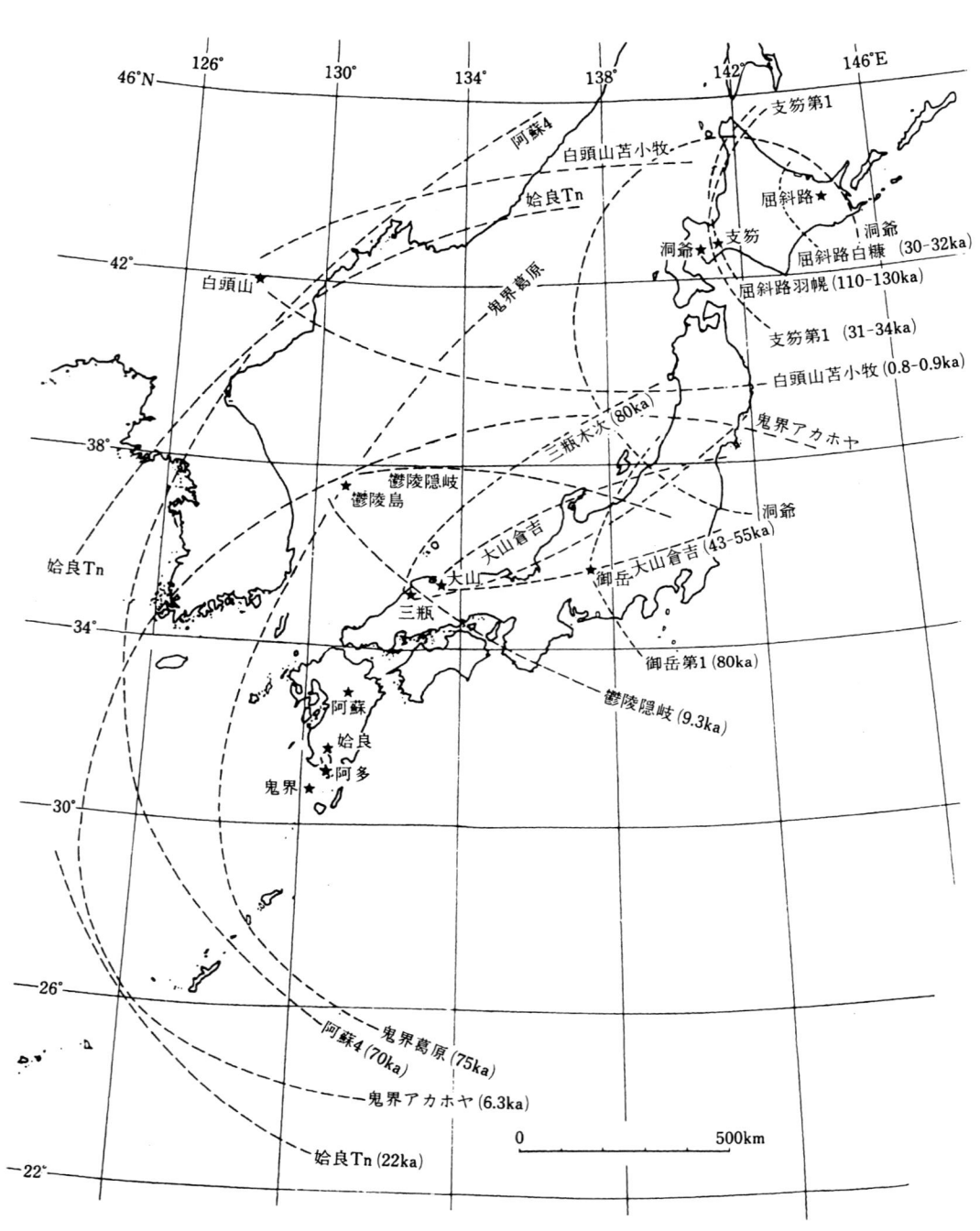

肉眼で認定できる分布のおよその外縁を破線で示す。カッコの数字は噴出年代を示す（ka：1000年前）。
町田　洋・新井房夫：「火山灰アトラス［日本列島とその周辺］」、東京大学出版会（1992）

図16-2　主なテフラの分布

3

斜面の浸食と堆積

3−1　斜面の地形区分

　山地では、平面はなくすべてが凹凸の斜面になっています。一般には、地表面の傾斜角で、実用的に緩急・凹凸などの区分をしています。

　地表面の単位も各研究分野で異なり、森林土木の分野でも工事によって捉え方に違いがあります。いろいろな立場からの斜面の研究がありますが、それらの斜面形にこだわる必要はありません。現地での理解や説明に都合のいい斜面形で表現すればいいでしょう。

　図17は一つの調査事例ですが、斜面形を考えた地形断面の概念的資料です。ここで表現した地表面の斜面形は、山頂凸地、山頂緩斜面、緩斜面、急斜面、斜面下部、崖錐面、段丘面の７つで、すべての斜面を表現するには充分とは言えませんが、地形規模を別にして山地の様相をうかがうことはできます。

3−2　地表面の第四紀堆積物

　地表面はその形状によって、浸食・堆積を繰り返しながら形成されていきます。私たちは地表の変遷の折々を見ているだけであり、時間をかけて形成される斜面の実態はわかりません。しかし、斜面の現象を観察することによって、斜面の経歴（履歴）を推察することはできます。

　これから斜面がどう変遷していくかを判断することは、森林土木技術者にとって大事な技術です。

　図17の①山頂緩斜面の場合、降下テフラの被覆がなければ、基岩の残積土の見られる立地であり、更新統の残積土がそのまま残っていることもあるでしょう。しかし、それ以前の古いものは考えられません。

　浸食・堆積を繰り返す斜面の堆積物には、当然テフラや再堆積した崩積土があり、複雑な堆積層を形成します。**写真1**は火山体に近い林道のり面の断面で、**写真2**は海岸砂丘の堆積層です。また、平野部では、泥流だけでなく、火砕流や降下テフラの堆積も見られるでしょう。

模式断面図

① 浸食小起伏面
② 山頂凸地
③ 緩斜面（堆積）
④ 急斜面 崩壊地（浸食面）
⑤ 遷急点（浸食前線）
⑥ 緩斜面（浸食と堆積を繰り返す）
⑦ 遷緩点
⑧ 崖錐面
⑨ 斜面下部（堆積面）・段丘面

山頂緩斜面／山頂緩斜面

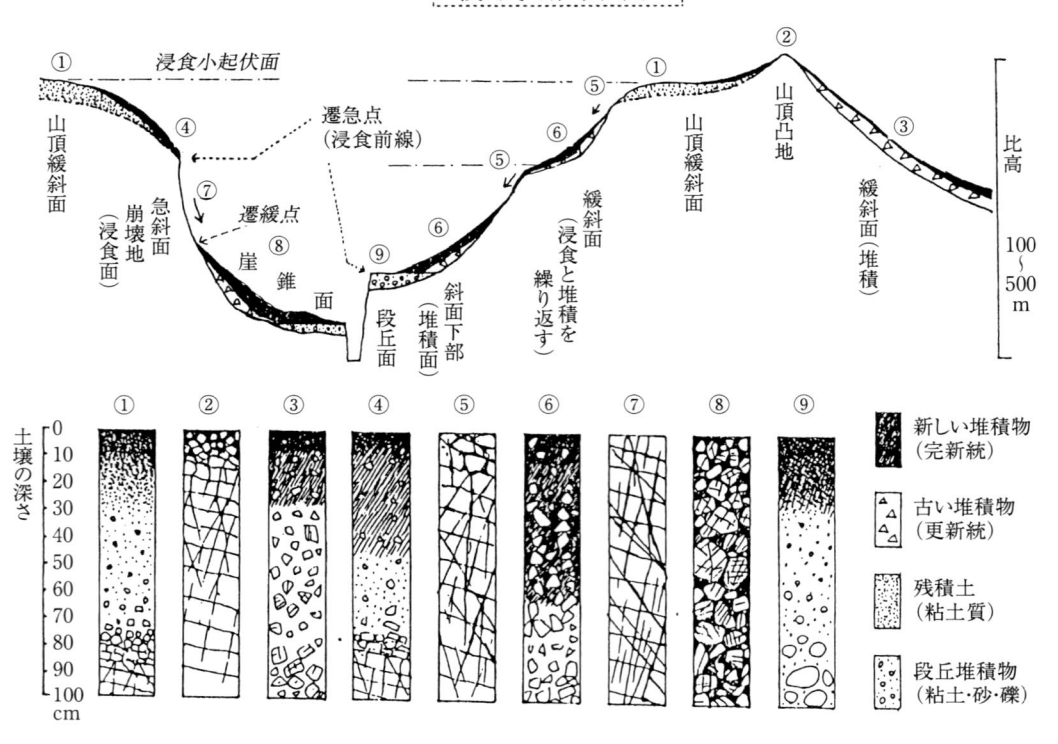

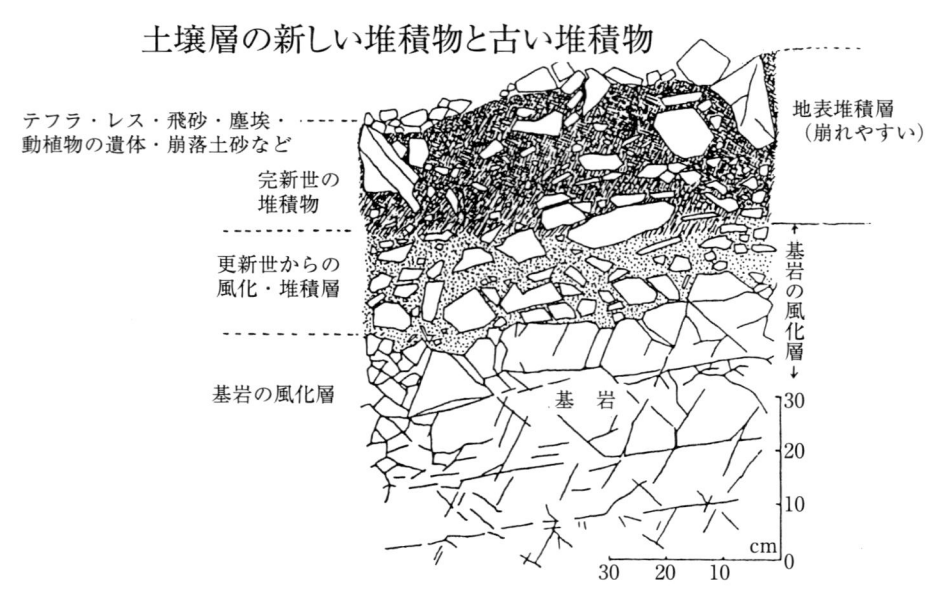

比高 100～500m

土壌の深さ 0～100cm

凡例：
- 新しい堆積物（完新統）
- 古い堆積物（更新統）
- 残積土（粘土質）
- 段丘堆積物（粘土・砂・礫）

土壌層の新しい堆積物と古い堆積物

- 地表堆積層（崩れやすい）
- テフラ・レス・飛砂・塵埃・動植物の遺体・崩落土砂など
- 完新世の堆積物
- 更新世からの風化・堆積層
- 基岩の風化層
- 基岩

図17　山地の地表面と地表堆積物

3　斜面の浸食と堆積　39

写真1　北海道摩周火山の山麓。林道のり面約3mのテフラ層序。ほとんど摩周火山の完新統降下テフラであるが、アトサヌプリ火山と雌阿寒岳火山の降下テフラも混入しているかもしれない。地表面はテフラのみの堆積である。

写真2　新潟市海岸の古砂丘で、更新統のテフラを含む砂丘堆積物。古砂丘は完新統の砂丘に覆われている場合が多いので、地すべりの留意が必要。

4
現地の事例と地形・地質

4-1　完新統は水を含むと魔物になる

　完新統、つまり沖積層、もっとわかりやすく言えば、1万年前までの氷河期以後現在の雨が多くて暖かな気候になってからの地表堆積層は、土壌としては表土（A層）と呼ばれ、農林業では大切な生産母体となっています。

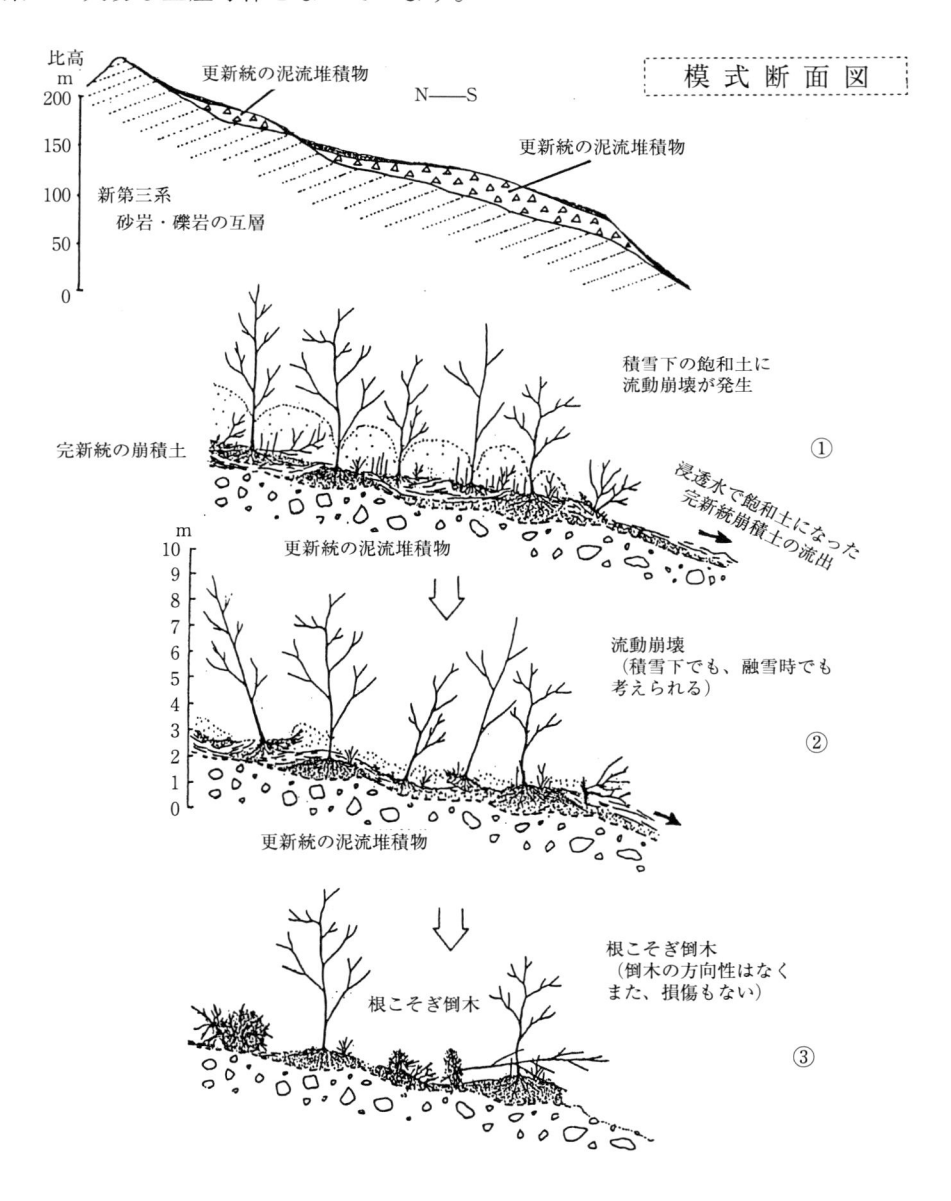

図18　融雪時にみられた飽和土崩壊

その完新統が、雪解けや豪雨のとき水を含むと飽和状態になり流動します（**図18**）。小規模な場合は、根や微地形に抑制されて、土壌流亡程度で止まります。

若い造林地で豪雨があった後は、ガリー浸食の発達に驚かされます。ガリー浸食の予防策としては、緩斜面であれば木製のガリー予防柵工の設置が有効ですが、急斜面では無理です。

4-2　シラス台地の浸食

火山国日本では、シラスの分布が広がっており、第四系以前の新第三系山地でも見られ

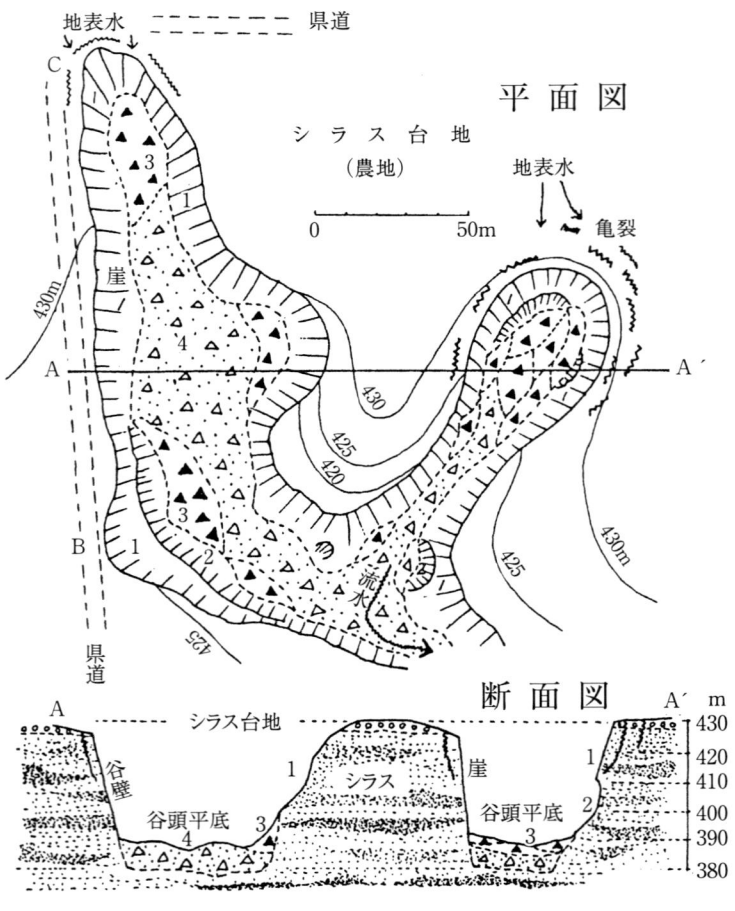

この軽石流（火砕流）の台地は、約1万年前の火山活動によって、基盤の新第三系の上に形成されたもので、シラス台地の中では特有の谷頭浸食がみられる。

また、新第三系の地すべりに伴って、地すべり方向に引きずられる変動地形や、シラス層のキレツからの流亡による陥没性崩壊という特殊な崩壊もみられる。

谷壁上部の県道（B—A—C）は、谷頭の前進によって、改修後退を続けている。

1：谷頭崖（谷壁斜面）　2：新しい崩落崖
3：新しい崩落土砂　　4：変動した堆積土砂

図19　シラス台地の浸食

写真3　図19の現地
　秋田県肘折温泉のシラス台地に発達した比高40mの窪地型浸食地形。谷頭平底から撮影したため、谷壁裾部の浸食流亡の様子が見られる。窪地型浸食地形は、シラス台地の典型的な浸食形態で、大規模な浸食防止工は行われず、通常は流亡浸食軽減の土工が実施される。

ます。新第三系の凝灰岩質山地では、風化が進むと第四系のシラスと見間違うことがあります（**図19**）。

　シラス台地の窪地型浸食は、浸食の形として特徴があり、どこの場合も似ています（**写真3**）。現在の防止工では短期的な浸食防止効果しかないことも避けられません。

4-3　火山体の浸食

　火山体の浸食の特徴は、多くの成層火山の場合、溶岩やテフラが重複噴出してサンドイッチ状に上積み形成され、不均質な浸食となることです。それぞれの噴出形成物によって、堅固さや脆さが異なり、ときには噴火中の火山体が大規模崩壊を起こします。

　図20の渓岸浸食は、岐阜県濁河上流の御嶽でのスケッチで、火山体浸食の典型といえます。火山体構成のテフラに、脆弱なものや滑りやすいものが含まれていると、浸食崩壊をより招きやすく、それに地震が加わると大規模崩壊や巨大崩壊の要因となります。

図20　火山体の渓岸浸食

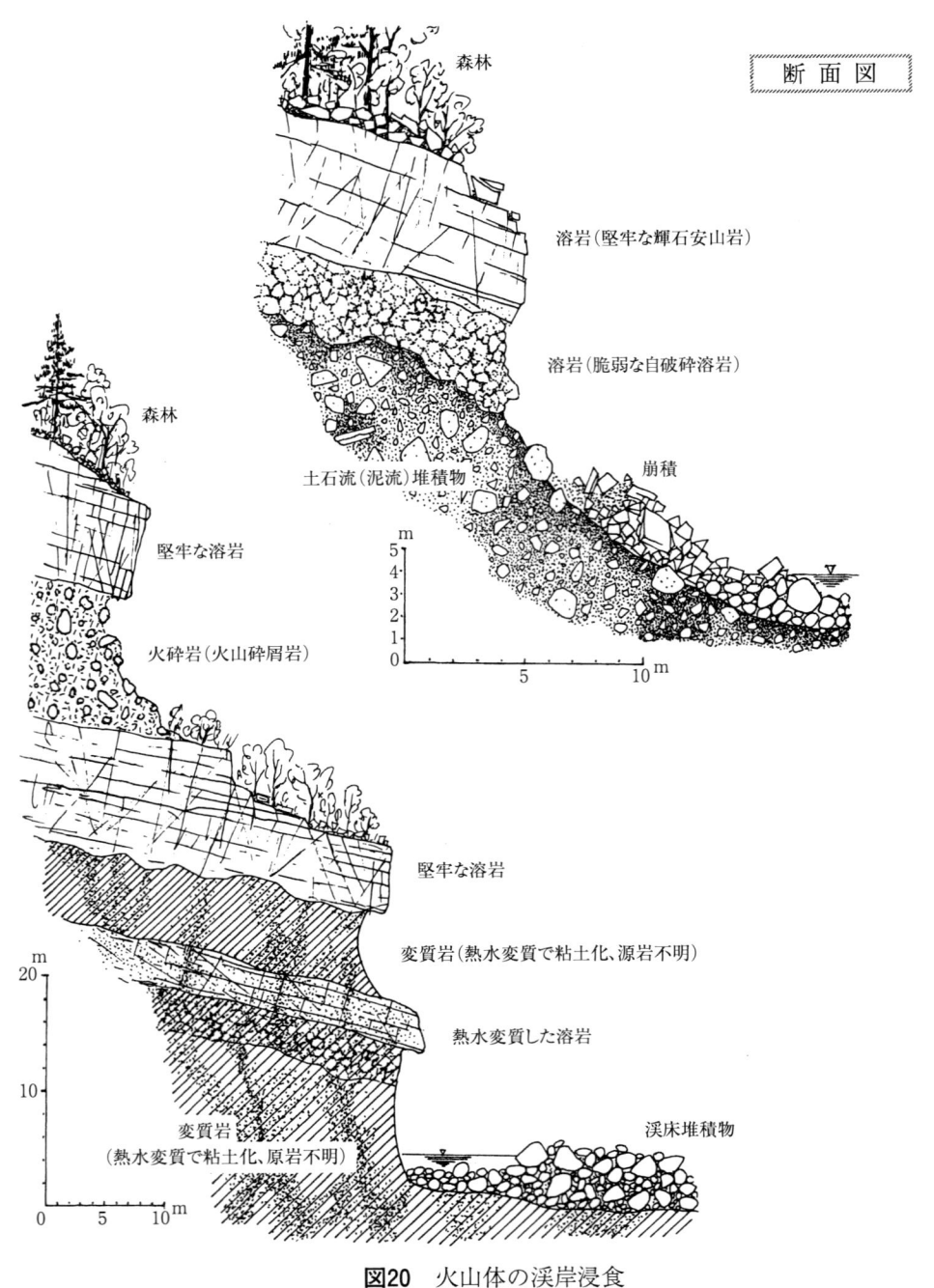

　図21も岐阜県濁河上流の御嶽の事例ですが、火山体浸食の宿命的な構成が見られます。つまり、現谷壁の変質火砕流・溶岩層が浸食されて、上部の非変質部が浸食崩壊されるときの崩れ方に、災害を伴う危険性があります。

4 現地の事例と地形・地質　47

（御嶽濁河上流の事例）

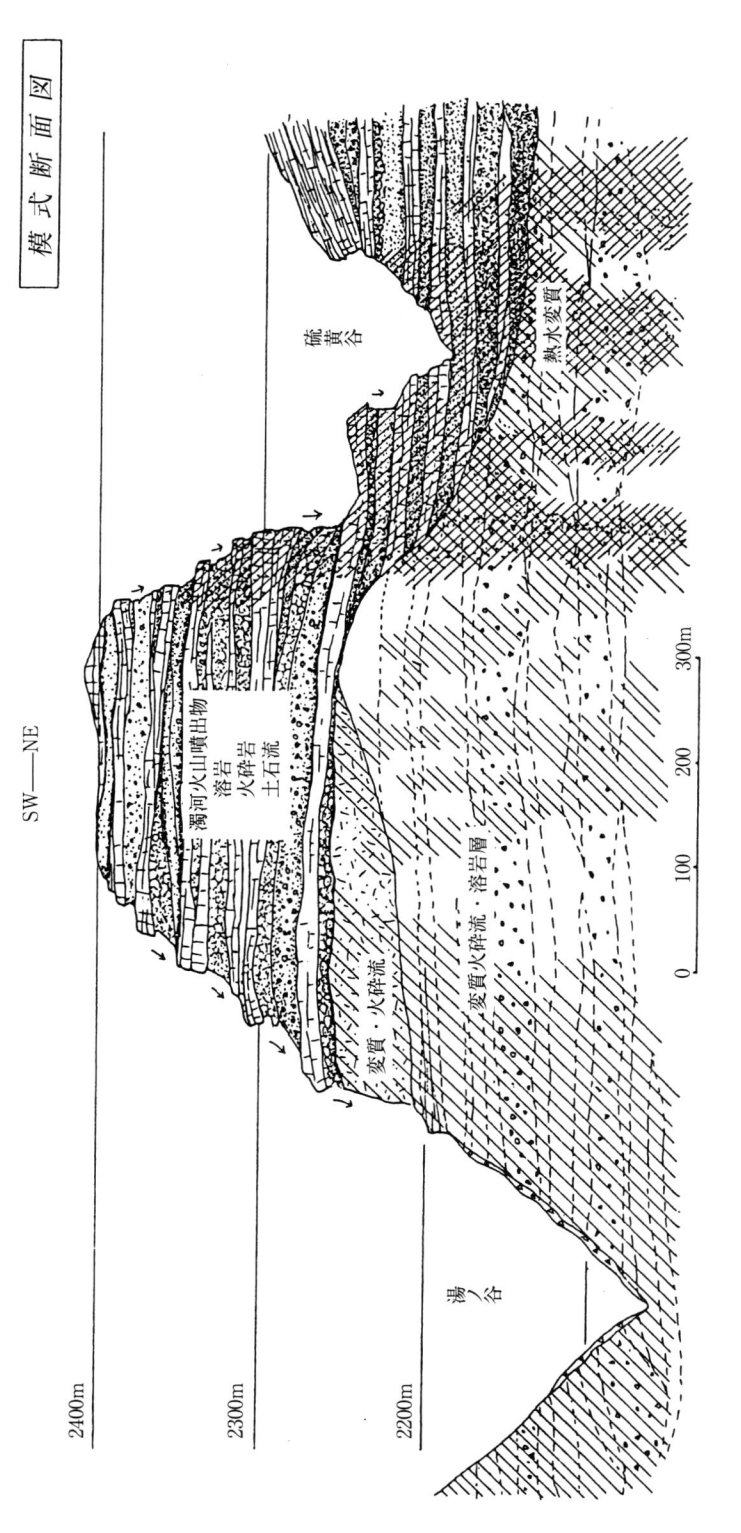

模式断面図

SW—NE

硫黄谷

熱水変質

濁河火山噴出物
溶岩
火砕岩
土石流

変質火砕流・溶岩層

湯ノ谷

2400m
2300m
2200m

0 100 200 300m

湯ノ谷と硫黄谷は、いずれも大規模な崩壊を起こした後、斜面の浸蝕を継続しているもので、約3万年前からの出来事である。溶岩層の中では、脆弱な土石流堆積物、火砕岩、自破砕溶岩の部分が、先に崩落して、次の段階で、堅牢な溶岩が剥落してゆく、火山体特有の浸蝕形である。

図21　火山体の浸食

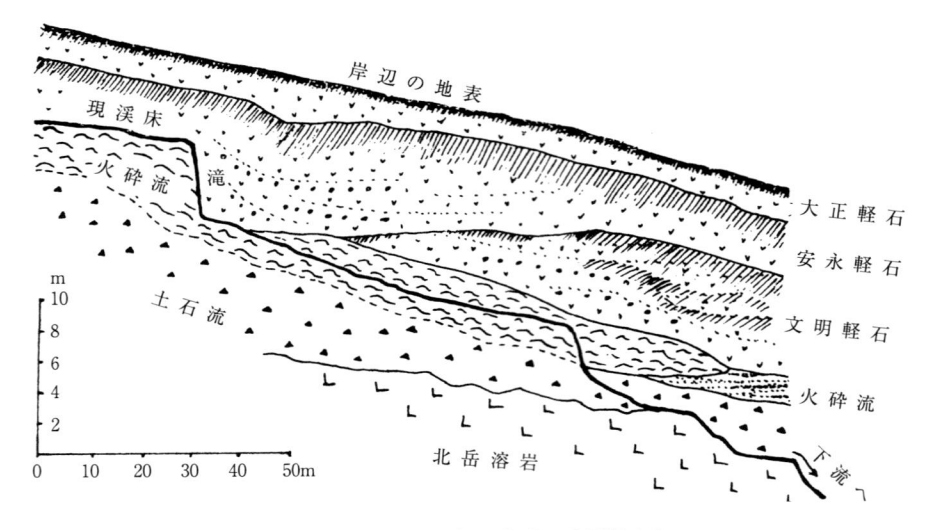

図22 テフラの多い火山の渓岸浸食
（鹿児島県桜島西道川標高320m 付近）

図22は、鹿児島県桜島西道川でのスケッチです。桜島火山はテフラが多いため、テフラの浸食崩壊が頻発します。火山体浸食は地表のテフラ層を短時間で浸食し、次の溶岩層を渓床とします。図22は、そのような途中の渓床です。

それでは、**写真4〜15**とともに、岩木山、月山、蔵王山、富士山、御嶽、白山、普賢岳などの火山体の浸食崩壊の実際をみてみましょう。

富士山は山梨・静岡県境の第四紀複合火山では最大級の火山で、約8万年前からの古富士火山に始まります。古富士火山は山体崩壊の頻発で、広大な火山麓扇状地を形成しました。

新富士火山の活動は1万1,000年前以降で、山体の浸食放射谷の発達は**写真4**のとおりとなっています。**写真5**のテフラ流亡浸食から**写真6**の谷頭雨裂、そして**写真7**の放射谷へと発達しています。

写真4 富士山の山体浸食

写真5 富士山の山体浸食（テフラの流亡）

写真6 富士山の山体浸食（谷頭雨裂）

写真7 富士山の山体浸食（放射谷）

写真8 1984年の御嶽くずれ（巨大崩壊・岩屑流）

写真9 伝上川を岩屑流が溢流し植被を剥ぎとった。

写真10 濁川へ越流

写真11 王滝川の流れ山

　1984年9月の長野県西部地震による巨大崩壊は、**写真8〜11**に示したように、源頭部の伝上川から岩屑流（岩屑なだれ）となって、濁川へ越流し伝上川を溢流、途中植被を剥ぎ取りながら、王滝川まで流下し、王滝川では流れ山が見られました。

　巨大崩壊の推定土塊量は$3.4×10$ ㎥といわれ、流下速度も80km／hときわめて早いもの

写真12　眉山山麓の貯砂ダム

写真13　有明海の流れ山

写真14　北海道駒ヶ岳

写真15　会津磐梯山

でした。筆者も、流れ山の調査をしながら、岩屑流のものすごさを実感しました。崩壊の一因に約8万年前のテフラ御嶽第一軽石層（Pm－1）からの剥離が考えられました。

　1792年の「島原大変肥後迷惑」といわれた地震による巨大崩壊は岩屑流となり、**写真12**の雲仙普賢岳（火砕岩の眉山）から**写真13**の有明海に流入、大津波となり、肥後で1万5,000人の犠牲者を出しました。眉山の浸食崩壊の跡には「治山公園」が設けられ、治ったようにみえますが、現在もなお治山工事は進められています。眉山の浸食崩壊は、工事規模を変えない限り拡大継続するでしょう。

　写真14の駒ヶ岳は、1640年の大規模な爆裂噴火で山体が崩壊し、岩屑流の発生で大沼・小沼などの流れ山による堰止湖沼群を形成しました。また、火山泥流により700人の犠牲者を出しました。

　写真15の磐梯山は1888年に同じく爆裂噴火で岩屑流を発生し、檜原湖・五色沼などの流れ山による堰止湖沼群を形成しました。犠牲者は461人となりました。

　駒ヶ岳・磐梯山のような爆裂噴火による山体自体の崩壊については、今後の山体の浸食崩壊にも充分に留意すべきです。山体に不均衡な残骸があるからです。

写真16 男鹿半島の目潟火山

写真17 十二湖の崩山

写真18 地すべりによる剥離崖

写真19 土石流

　その他、大きい山体崩壊では、男鹿半島の目潟火山がありますが、ここでは省略します。また、東北のグランドキャニオンといわれる十二湖岩屑流の崩壊源崩山は、火山ではありませんが、新第三系の火砕岩（火山砕屑岩）です。

　火山体の浸食崩壊には、「地すべり」や「土石流」も大きく関与します。その規模には、大小があります。火山体の構成そのものにも、火砕岩といわれる堆積状態で「地すべり」や「土石流」は起きており、浸食崩壊のたびに移動堆積を繰り返します。

　写真18は加賀の白山にみられる「地すべり」の剥離壁です。火山体が薄く基岩（手取層群）を覆っているため、流れ盤状の基岩の上を火山体が抜けた形になっています。火山体の大規模な「地すべり」としては珍しいものです。

　写真19は岩木山の「土石流」です。火山体では普通に繰り返し発生する現象です。

　地表にリルやガリーが起きると、堆積していた火砕岩は洗い出され、**写真20、21**のような洗掘を伴い、洗掘と堆積を繰り返します。成層火山の生い立ちからみても、納得できる現象です。

　火山体では、**写真22、23**のように変質して粘土化した山肌をよく見かけます。熱水作用

写真20 洗掘土石流（岩木山）

写真21 洗堀土石流（有珠山）

写真22 月山の変質帯（四ツ谷川）

写真23 蔵王山の変質帯（蔵王川）

による山体の脆弱化といえるものです。熱水作用とは、火山活動の後、高温のガスや水蒸気が火山体や周辺の割れ目や断層に沿って上昇し、途中で地下水が混ざって温泉になったりして、岩石を粘土鉱物に変質させる現象です。熱水変質の岩石には、次のものがあります。

温泉余土…火山岩類がスメークタイト、カオリン、ハロイサイトなどの粘土鉱物に変質したもの。流紋岩や斑岩がカオリンやバイロフィライトに分解されると陶土と呼ばれ、土木ボーリングに使うベントナイトは、スメークタイトを主とする粘土の粉末です。

緑泥石化岩…造岩鉱物の橄欖岩、輝石、角閃石、黒雲母などが緑色の緑泥石に分解されたものです。

炭酸塩化岩…CO_2を多量に含んだ熱水で分解され、方解石 $CaCO_2$ の多い脆弱な岩石になります。

珪化岩…SiO_2を多く含んだ熱水の作用やアルミニュウム、カルシューム、アルカリ、鉄、マグネシュウムなどのほとんどが抜け去ってしまうと、石英の結晶だけの砂状になりきわめて脆弱となります。**写真23**の調査中、部分的ですが砂状の珪化岩を確認しました。

写真24 那須火山朝日岳

写真25 月山火山立谷沢

写真26 テフラの中の工事

写真27 崩土の中の工事

変朽安山岩（プロピライト）…溶岩や火山砕屑岩にCO_2を含んだ熱水が作用し、方解石、緑簾石、Na長石、緑泥石、黄鉄鉱からなる緑色〜黄緑色の岩石に変質したものです。

特に留意しなければならないのは、著しく脆弱な緑泥石化や粘土化の場合です。

写真24、25は火山に伴う山体の著しい熱水変質の状況です。このような変質帯では大規模な地すべりや崩壊が起きやすいので、調査や施工時には注意が必要です。

以上、火山体の浸食崩壊に関与する要素について述べてきましたが、複雑な要素の絡み合う現地では、施工に当たって、現場の状況に応じた独自の観察と工夫が必要です。

写真26、27は、厚いテフラや崩積土の中での施工例です。地表の安定を目的としていますが、施工によって逆に不安定な結果を招きやすくなることがあります。このような場合、各構造物を独立させないで、連携するような設計上の工夫が必要です。

写真28は、熱水変質した山体が、硫黄採掘坑の落盤崩壊で流出する危険があるため、治山工事を行っているところです。中を歩いてみると、写真の斜面の3倍くらいの面積で、谷止めの傾きなどの地表の乱れが観察され、大きな崩土の押し出しと考えられました。

この写真の事例では、工事の中止と、下流100m地点の未変質安山岩を基盤にしたダム

写真28 変質帯での施工（蔵王川の治山工事）　　**写真29** 観光地の施工（男体山の崩壊抑止工）

の新設を行うようにしました。

　写真29は、男体山の南面で、観光地である日光市の直上斜面でもあります。山腹の浸食土石流が市街地を襲ったこともたびたびありました。新しい火山体の浸食を止めることは不可能に近いのですが、直下の観光市街地に与える被害を最小限度にするために、崩壊抑止対策を行うことも森林土木事業の役割といえます。

4-4　岩石の割れ目と風化

　岩石は、マグマの放熱固結（火成岩）に始まります。そのときの生まれながらの割れ目を、節理といいます。

　堆積岩には層理面に垂直に発達する不規則な割れ目が多く、摺曲した地層では摺曲軸に平行な割れ目や摺曲軸に垂直な割れ目がみられます。

　変成岩には片理面と呼ばれる鉱物の再結晶面がありますが、岩石の割れ目となることもあります。

　また、岩石ができた後、岩石に働いた外力で、地層や岩体に不連続ではありますが、ある程度の広がりのある亀裂（キレツ）とか裂罅（レッカ）と呼ばれる面ができます。土木用語では「キレツ」と呼ばれています。本書では、これらを総称して「岩石の割れ目」と呼びます。

　外力の最も大きい蓄積は、地震です。地層の受ける地震のおびただしい回数を想像してみて下さい。「岩石の割れ目」の中では、小規模な畳1畳くらいから巨大崩壊にも達する「岩盤クリープ」の割れ目がありますが、これについては次項で説明します。

　岩石の風化は、地表からの大気や水の影響を受ける割れ目から始まり、様々な風化形状をつくります。

　「岩石の割れ目」には、板状節理、柱状節理、方状節理などがあります。これらは典型

4 現地の事例と地形・地質　55

写真30　板状節理（蔵王火山・安山岩）

写真31　柱状節理（東尋坊・安山岩）

写真32　方状節理（寝覚ノ床・花崗岩）

写真33　不整形な割れ目Ⅰ（飛騨高原・濃飛流紋岩）

写真34　不整形な割れ目Ⅱ（飛騨山脈・流紋岩）

写真35　不整形な割れ目Ⅲ（越前海岸飛騨帯・火砕岩）

的な形状から呼ばれるもので、普通には不整形な割れ目が多く見られます。
　写真36～39は風化した岩体で、割れ目から風化していった状態がわかります。
　写真39の深層風化は、深さ約10m以上の風化層（風化帯）を指すもので、明確な定義

写真36 砂質岩の風化

写真37 花崗岩の風化

写真38 火砕岩の風化（丹波高原）

写真39 深層風化（丹波高原）

はありません。深層風化も地表からの風化であって、前述の熱水変質と間違わないよう注意が必要です。

次に、**図23**により、林道のり面の崩壊地における「岩石の割れ目」をみてみましょう。

林道の横断面A－Bの岩石の割れ目を図の中に書き入れてありますが、実際の割れ目の走向・傾斜ではなく、横断面図上の見かけの傾斜で書き入れてあります。

図23の崩壊地の主な岩石の割れ目みると、4面のうち3面が流れ盤で、不安定な斜面だと考えられます。斜面としては流れ盤とみていいでしょう。側に小さな断層がありますが、破砕帯の発達もなく、弱線としての影響はありません。

図24は堆積岩の地山が受け盤斜面であっても、岩石の割れ目の発達が著しく、流れ盤状に剥離落下する場合を示したものです。このような場合は、流れ盤とみなして処理するべきでしょう。

図25の上の図は花崗岩のいわゆる「マサ風化」です。風化帯のなかの丸味を帯びた核岩は、よく見られるものです。

花崗岩の風化形状の中で、ある割れ目にそって風化の進んだものがあります。生成原因

図中のラベル等:

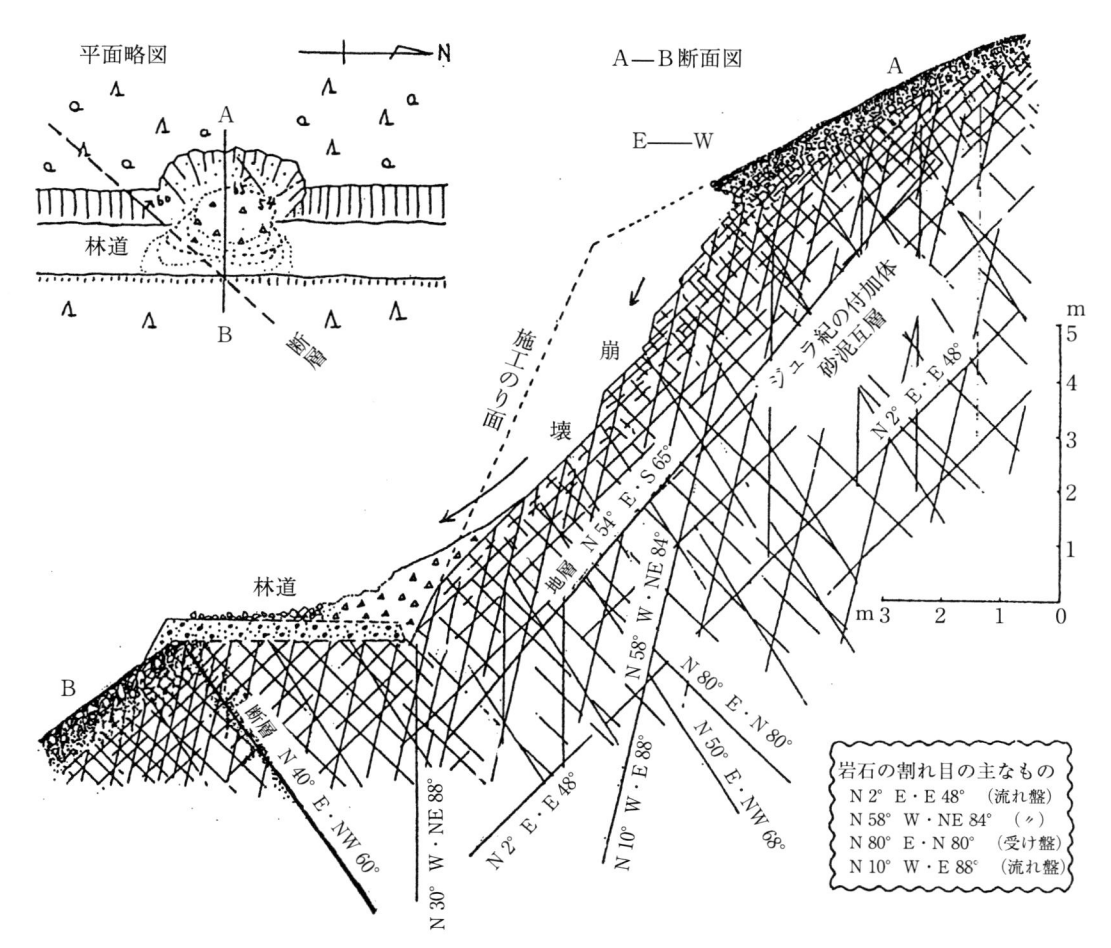

平面略図　N
A—B断面図
林道
断層
施工のり面
崩壊
ジュラ紀の付加体
砂流石層
N 2°E・E 48°
地層 N 54°E・S 65°
N 58°W・NE 84°
N 80°E・N 80°
N 50°E・NW 68°
N 10°W・E 88°
N 2°E・E 48°
N 30°W・NE 88°
断層 N 40°E・NW 60°
林道
E—W
A
B

岩石の割れ目の主なもの
N 2°E・E 48°（流れ盤）
N 58°W・NE 84°（〃）
N 80°E・N 80°（受け盤）
N 10°W・E 88°（流れ盤）

地層や岩石の割れ目は、「見かけの傾斜」に換算して図化してある。

図23　崩壊地で見る岩石の割れ目

は不明ですが、構造的なマサ風化か、あるいは熱水変質かもしれません。

写真40の①②③は足尾山地に新設された治山運搬道の事例で、ともに同じ斜面です。①②は開設時の写真、③は10年経過後の3度目の土留工（被覆工）との比較写真です。現地は斑岩の流れ盤斜面で、すでに設計時に崩落が案じられていました。

写真41から**写真46**までの6枚の写真は、地表の風化浸食の形状を示しているもので、私たちが日常見慣れた景観の一つでもあります。つまり、日本列島の現在の気候下ではごく普通の風化浸食ですが、ひいては災害という形に発展するということです。これは地表の自然営力とも言えましょう。そこには、気象・地形位置、あるいは堆積形状・岩盤や堆積物の素材性など、様々な要素が組み合わされています。

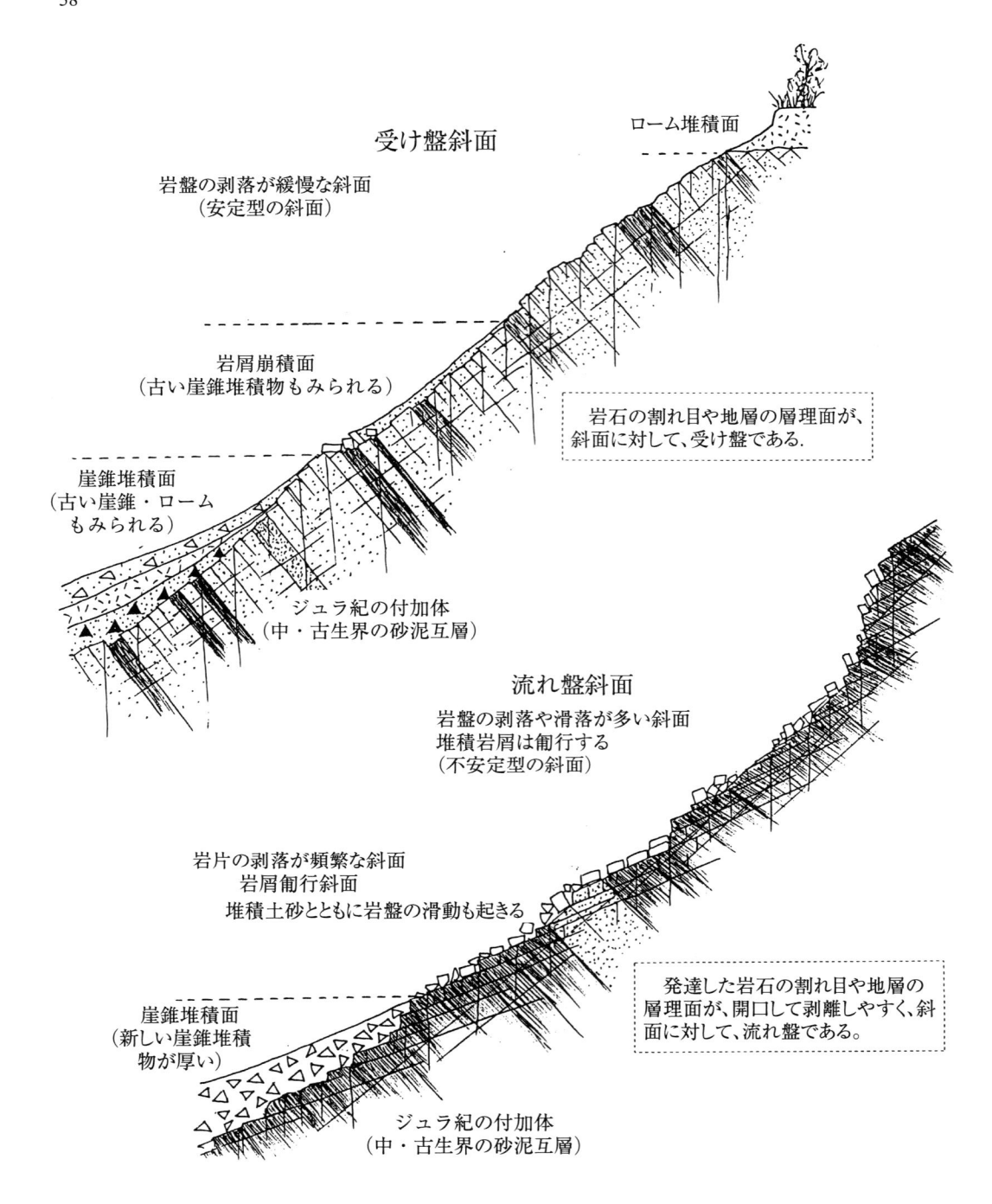

受け盤斜面
岩盤の剥落が緩慢な斜面
（安定型の斜面）

ローム堆積面

岩屑崩積面
（古い崖錐堆積物もみられる）

崖錐堆積面
（古い崖錐・ローム
もみられる）

ジュラ紀の付加体
（中・古生界の砂泥互層）

岩石の割れ目や地層の層理面が、斜面に対して、受け盤である.

流れ盤斜面
岩盤の剥落や滑落が多い斜面
堆積岩屑は匍行する
（不安定型の斜面）

岩片の剥落が頻繁な斜面
岩屑匍行斜面
堆積土砂とともに岩盤の滑動も起きる

崖錐堆積面
（新しい崖錐堆積
物が厚い）

ジュラ紀の付加体
（中・古生界の砂泥互層）

発達した岩石の割れ目や地層の層理面が、開口して剥離しやすく、斜面に対して、流れ盤である。

図24　岩石の割れ目の発達は受け盤でも流れ盤になる

花崗岩のマサ風化

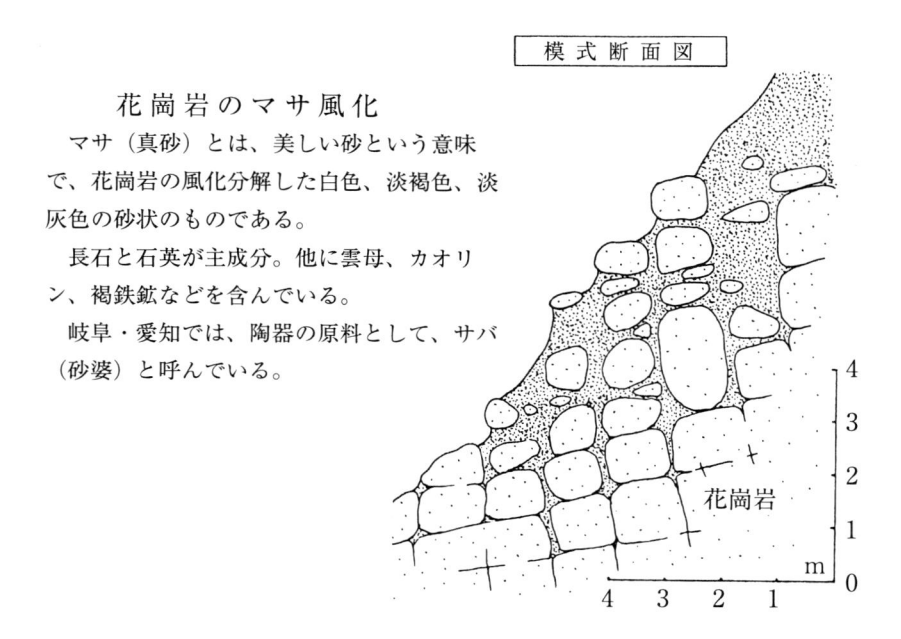

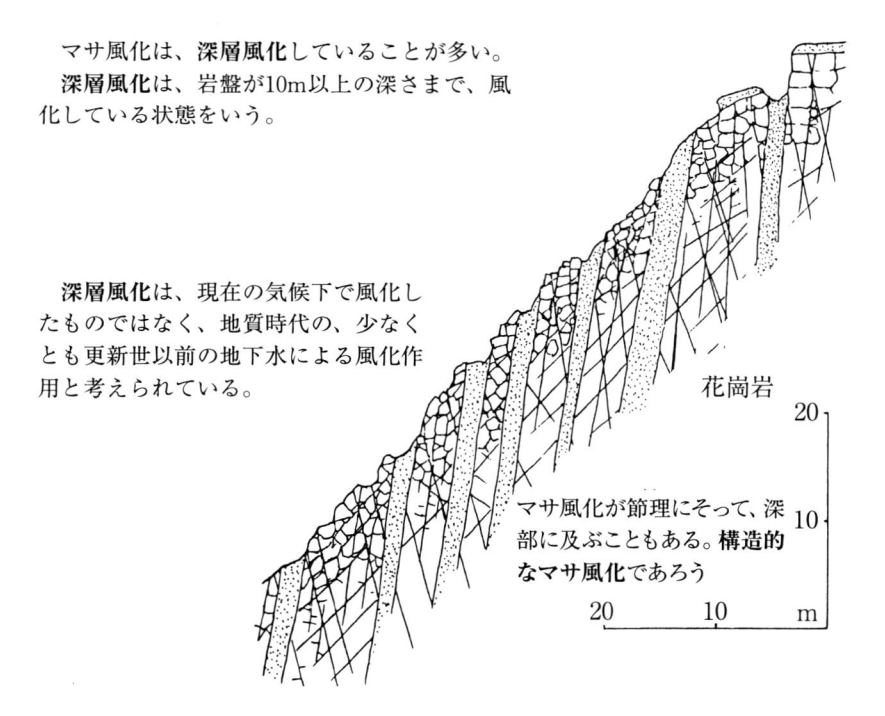

マサ（真砂）とは、美しい砂という意味で、花崗岩の風化分解した白色、淡褐色、淡灰色の砂状のものである。

長石と石英が主成分。他に雲母、カオリン、褐鉄鉱などを含んでいる。

岐阜・愛知では、陶器の原料として、サバ（砂婆）と呼んでいる。

模式断面図

マサ風化は、**深層風化**していることが多い。

深層風化は、岩盤が10m以上の深さまで、風化している状態をいう。

深層風化は、現在の気候下で風化したものではなく、地質時代の、少なくとも更新世以前の地下水による風化作用と考えられている。

マサ風化が節理にそって、深部に及ぶこともある。**構造的なマサ風化**であろう

図25　割れ目と風化

① ② ③

写真40 足尾山地の流れ盤斜面の例（比較写真）

写真41 亜高山の風化浸食（北アルプスの流紋岩）

写真42 風化層の剥落Ⅰ（出羽山地の花崗岩）

写真43 風化層の剥落Ⅱ（九州山地の花崗岩）

写真44 風化層の剥落Ⅲ（石見高原の千枚岩）

写真45　風化層の剥落Ⅳ（飛騨高原の変麻岩） 　　写真46　風化層の剥落Ⅴ（北見山地の蛇紋岩）

4-5　岩盤の古傷（岩盤クリープ）

　「岩石の割れ目」には様々な歴史があり、その中でも地殻変動による亀裂は、すべり面を伴うもので剥げやすいという特徴があります。その規模もまちまちで、林道ののり面に一部を覗かせる程度のものから、全のり面を占めるもの、さらに崩壊を招く大規模なものまで多様です。大規模なものは、巨大崩壊とか深層崩壊といわれる大崩壊となります。多くの場合、そのすべり面はやや曲面であり、滑り粘土を伴って光沢があるので「岩石の割れ目」とは別に見る方がいいでしょう。

　堆積物の場合、層序によっては剥離崩壊ということにもなります。特に、火山体の崩壊では顕著な要因となります。

　写真47と48は、巨大崩壊「御嶽伝上崩れ」（1984年）で見られた剥離面の「御嶽第一軽石」On – Pm1です。

写真47　巨大崩壊「御嶽崩れ」上部 　　写真48　「御嶽崩れ」上部の御嶽第一軽石 On – Pm1

写真49 岩盤クリープⅠ
足尾山地・流紋岩

写真50 岩盤クリープⅡ
足尾山地・チャート

　写真49と50は、足尾山地の流紋岩とチャートの林道のり面です。**写真**50は、断層と言ってもいいくらいのクリープ面です。「岩石の割れ目」にしても「クリープ面」にしても、あるいは「断層面」にしても、路体そのものの剥落を考える必要があります。

　写真51は、径800mの地すべり性崩壊の頂部に残った岩盤で、写真下部のやや曲面の部分が「クリープ面」であり、明らかに層理とは異なっています。この崩壊も、おそらく岩盤クリープの影響でしょう。(p.104、**図**38の最上部)

　写真52は、新第三系の台地状地形面に堆積した更新統の泥流上に、さらに完新統崖錐が堆積したもので、台地上の雪解時に泥流堆積物が不透水層となり、完新統の崖錐堆積物が飽和流出したものです。厳密には岩盤クリープとは言えないかもしれませんが、泥流堆積物の不透水層を岩盤と見なしてもよいと思われます。

　写真53と54は、林道のり面に現れた岩盤クリープの片鱗ですが、層理や割れ目と異なるので、注意してみれば確認できます。

4 現地の事例と地形・地質　63

写真51　岩盤クリープⅢ
紀伊山地・砂岩

写真52　岩盤クリープⅣ
飛騨高原・更新統泥流堆積物

写真53　岩盤クリープⅤ
加賀美濃山地・砂岩

写真54　岩盤クリープⅥ
濃尾平野・粘板岩

4-6　風化作用・変質作用・粘土鉱物

　岩石の風化・変質は、鉱物の結晶が壊されて粘土鉱物になっていくことです。大まかには、大気の影響を受ける場合を風化作用といい、地表下の地下水や熱水の影響を受ける場合を変質作用といっています。ただし、その影響作用は不明な場合が多いので、どちらが優先するかという程度に止めて、こだわる必要はありません。鉱物の結晶が風化なり変質なりで変化して粘土鉱物になっていくことは、同じような現象だからです。

　花崗岩山地の林道のり面に見られる風化の過程を、また、火山体の変質作用を、写真によって観察してみましょう。

　写真55から**63**までの9枚の写真で、吉備高原の花崗岩山地に開設された林道のり面の風化の様子を、顕微鏡写真も交えて見てみましょう。

　写真55には、のり面の風化表土から基岩の未風化花崗岩までが現れており、薄い表土の下部は半風化のマサになっています。その下部の堅い岩石が基岩の花崗岩です。

　写真56と**57**はマサの写真で、肉眼でも結晶は見えるくらいです。

写真55　林道のり面
吉備高原・花崗岩

4　現地の事例と地形・地質　65

写真56　マサ
ハンマーは約30cm

写真57　マサの拡大写真
写真下の目盛りはmm

写真58　マサの顕微鏡写真Ⅰ
直交ポーラー（横幅4.8mm）

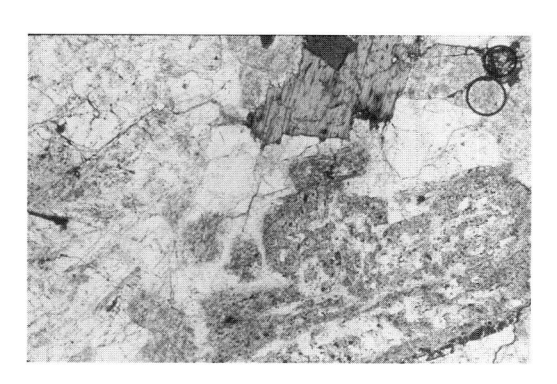

写真59　マサの顕微鏡写真Ⅱ
下方ポーラーのみ（横幅4.8mm）

写真60　基岩の花崗岩
ハンマーは約30cm

写真61　花崗岩の拡大写真
写真下の目盛りはmm

写真62 基岩の顕微鏡写真Ⅰ
直交ポーラー（横幅4.8mm）

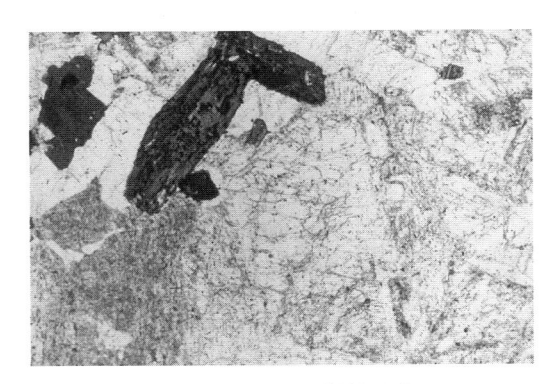

写真63 基岩の顕微鏡写真Ⅱ
下方ポーラーのみ（横幅4.8mm）

写真58と**59**で注目したいのは、写真左下の約4分の1を占める長石の結晶です。長石の結晶の中はひび割れ、蝕まれているように見えます。つまり風化が進んでいるということです。それと比べて、**写真62**と**63**の基岩の方はどうでしょう。写真中央の長石の結晶を見ると、マサの長石よりも蝕まれ方が少なくなっています。

ここで意外なことに気づきます。叩けばチンチンと堅い音がした健岩でも、こんなに風化が進んでいたのか、ということです。

このように地表から深さ数mまでの基岩は、ある程度風化は進んでいるのが普通です。岩石の風化に関しては、地表で目にするほとんどが、堅そうであっても風化は進んでいると思わなくてはなりません。

熱水による変質岩は様々な形状をつくるので、火山体の施工では脆弱化した変質岩に注意することが必要です。しかし、火山体の中でも熱水に侵されない新鮮な火山岩もあるの

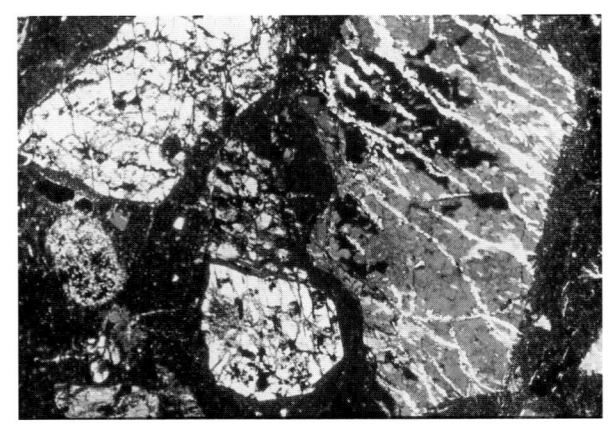

写真64 岩石の中の風化前線
飛騨高原・濃飛流紋岩　直交ポーラー（横幅4.75mm）

濃飛流紋岩の健岩であるが、岩石の中で風化前線が写真左から中央まで進んでいる。写真中の白っぽい鉱物結晶は石英。黄褐色は粘土鉱物。黒色部は石基。

4　現地の事例と地形・地質　67

写真65　硫化変質した山腹
蔵王火山の林道のり面

写真66　変質岩のサンプル
右の斜面の岩石（径約3cm）

写真67　変質岩の顕微鏡写真Ⅰ
（写真66の変質の境界部分）
直交ポーラー（横幅1.3cm）

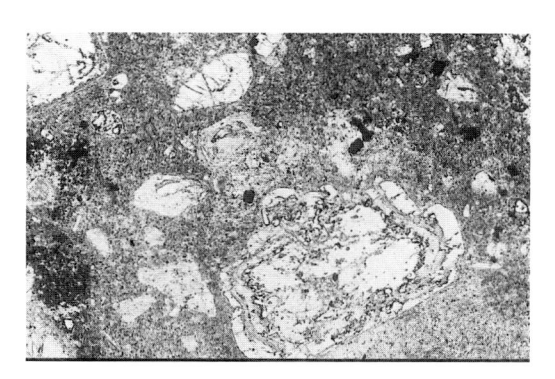

写真68　変質岩の顕微鏡写真Ⅱ
（殆ど変質粘土化していて粘土鉱物不明）
下方ポーラーのみ（横幅1.3cm）

写真69　写真30の顕微鏡写真Ⅰ
直交ポーラー（横幅1.3cm）

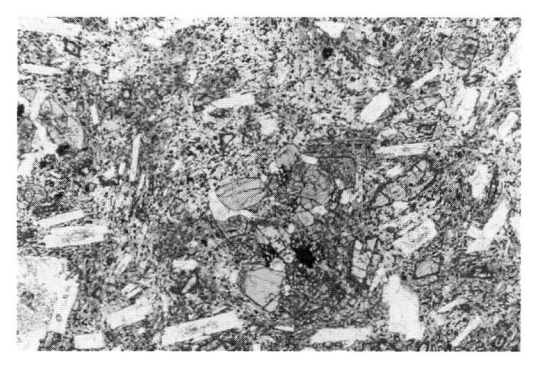

写真70　写真30の顕微鏡写真Ⅱ
下方ポーラーのみ（横幅1.3cm）

で、構造物の建造には利用すべきです。例えば、**写真30**の板状構造の新鮮な安山岩は、変質岩の顕微鏡写真と比べてみても、造岩鉱物はまだ侵されずに健在です。この現地では、未変質の貫入安山岩を利用して、ダムの施工を計画しました。

写真69と**70**は、新鮮な貫入安山岩の顕微鏡写真です。

4−7　林道の加速的浸食

　林道のり面の崩壊浸食は、充分な勾配が得られない場合が多いので、ごく普通の現象のようにみられています。しかし、地質的に流れ盤状の要素がある場合は、設計あるいは施工の段階でも補強や変更を考えなくてはなりません。

　図26は大隅半島花崗岩山地の林道のり面の横断図ですが、開設以後のり面の崩壊が止むことなく続いています。崩壊した斜面の「岩石の割れ目」を計ってみると、主な割れ目の3面のうち2面が流れ盤で、しかも開口して剥落を繰り返していました。このような流れ盤斜面では、宿命的に崩壊が続くでしょう。

　対策としては、林道開設時の間詰工か被覆工が望ましいと考えられます。

　写真71から**80**までの10枚の写真は、崖錐堆積物か流れ盤斜面、あるいは脆弱岩盤の中に林道をつくる場合です。林道にとってマイナスなのはどのような条件か、またその対策はどうすればよいかを考えてみましょう。

　写真71と**72**は、山腹の完新統の崖錐堆積物です。現地では、崖錐堆積物に対する擁壁の高さ不足を感じることもしばしばであり、このように山腹の崖錐堆積物の意外な厚さに驚くことがあります。対策としては、のり切り工を施すのが好ましいといえます。

　写真73と**74**は、更新世の火山活動によって堆積した火砕岩層ですが、両者とも著しく変質していて脆弱です。**写真73**は崩壊崖で、下を歩く人影からでも崩壊規模が想像できます。対策としては、防護擁壁や誘導擁壁を設計段階で考えるのがいいでしょう。

　写真75は、地質的にも特徴があって、古生代か中生代の地層が巨大海底地すべりにより、細片状に剪断されたオリストストローム（海底地すべり地塊）です。

　そのためか山全体の地表は、バラスを積み上げたように不安定でした。この現地は小規模な範囲でしたが、付加体の地表形状にオリストストロームの不安定な関連現象があるように思われます。

　写真76は、更新統段丘堆積物の崩落崖をのり面に利用していますが、のり面の風化部分は剥落を続けるし、崩落崖の高さによっては危険を伴うので、防護擁壁や誘導擁壁を考える必要があります。更新統の段丘堆積物は、完新統の段丘堆積物に比べて崩れにくいので、つい利用してしまうのかもしれません。

　このような沢沿いの地形では、土石流段丘にも気をつけたいものです。

4 現地の事例と地形・地質　69

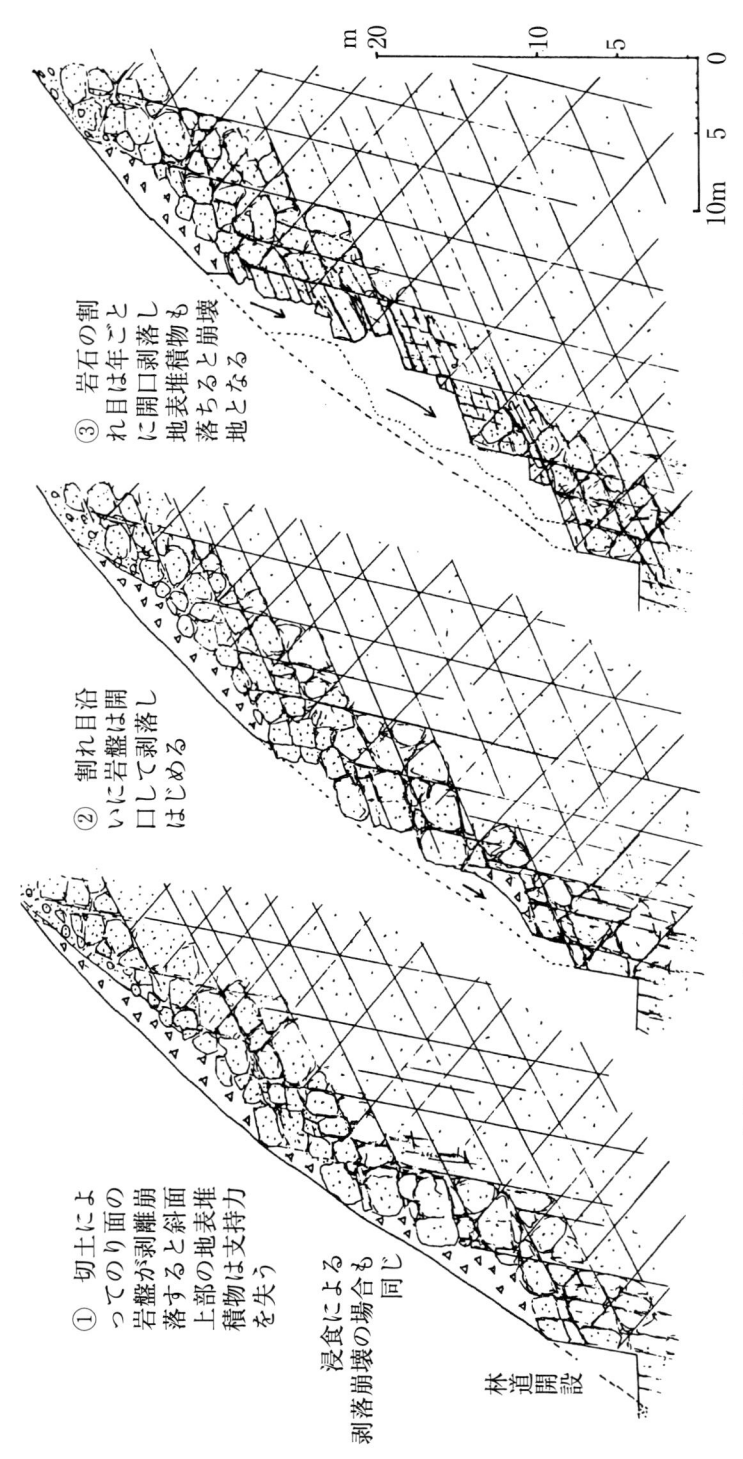

① 切土によってのり面の岩盤が剥離崩落すると斜面上部の地表堆積物は支持力を失う

浸食による剥落崩壊の場合も同じ

② 割れ目沿いに岩盤は開口して剥落しはじめる

③ 岩石の割れ目は年ごとに開口剥落し地表堆積物も崩壊すると地となる

花崗岩に限らず、割れ目の発達した岩盤では、主要な割れ目が「流れ盤」の場合、開発や浸食崩壊によって、支持岩盤が失われると、崩れは拡大していく。間詰工か山留工をできるだけ早目に施工することである。

図26　流れ盤斜面の加速的浸食

写真71 山腹の崖錐堆積物Ⅰ
加賀美濃山地（完新統）

写真72 山腹の崖錐堆積物Ⅱ
足尾山地（完新統）

写真73 変質火砕岩の堆積層Ⅰ
月山火山（更新統）

写真74 変質火砕岩の堆積層Ⅱ
飛騨山脈（更新統）

　写真77は、黒色千枚岩の工事中の流亡で、掘削しているときは堅そうでも、1、2年のうちに流亡してしまいます。熱水変質を受けた泥質岩の特徴ともいえる現象で、領家変成帯に限らず、熱水変質を受けた現地では注意を要します。これは輝石・角閃石・黒雲母・橄欖岩などが、熱水作用のため緑泥石化しているからです。施工時の山留工が必要です。

　写真78は、**図26**と同じパターンの流れ盤災害で、この現場では斜面全体のずれで崩壊には至りませんでしたが、斜面全体の滑落現場は少なくないと思われます。

　写真79は、のり面の崩落も少なく、「流れ盤にしてはよく保つな」と思わせる現場でした。層理に開口がなければ、施工時の被覆工で充分と思われます。

　写真80は、**写真77**と同じく泥質の広域変成岩で、路体そのものも流亡する危険があります。このような現場では、根切り的な山止工が必要です。

4 現地の事例と地形・地質　71

写真75　細片状に剪断された泥岩
　　　　　加賀美濃山地（中生界）

写真76　段丘崖をのり面にした例
　　　　　加賀美濃山地（更新統）

写真77　泥質片岩の風化流亡
　　　　　濃尾平野（領家変成岩類）

写真78　流れ盤斜面の滑落
　　　　　紀伊山地（中生界）

写真79 堅い岩盤も流れ盤では
　　　　 紀伊山地（中生界粘板岩）

写真80 千枚岩の風化流亡
　　　　 明石山地（広域変成岩）

4−8　脆弱な岩盤の浸食

　図27のような現地はあり得ませんが、AからGまでの仮定の立地で対策を考えてみましょう。大事なことは地形位置と脆弱な岩盤との関係です。自然の中では、他にも多くの立地条件があり、現地ではそれぞれ独自の構成で考えなくてはなりません。

　Aの立地では…林道やその他の構造物を計画しても、現地の土構造物そのままでは利用できないので、工法そのものを新規に考え直す必要があります。

　Bの立地では…地表面だけならば、通常の技法でいいと思われますが、段丘堆積物の下位に脆弱岩があるので、すでに何らかの異常現象が周辺には見られると思われます。その確認をして、構造物の位置を選択するのがよいでしょう。周辺の異常現象については、手当てを施しておかねばなりません。

　Cの立地では…林道・渓岸工ともにこの立地は避けるか、あるいは縦浸食防止工・水路基盤工などを含めて施工計画しなければなりません。このような立地を避けた場合でも、地形から見て水路基盤工の必要があるかもしれないので、現地の精査が必要でしょう。

　Dの立地では…山止め擁壁だけでもいいかもしれませんが、渓流に関連した問題の有無を充分に調査しておく必要があります。また、周辺の地形から地表の完新統崖錐堆積物の挙動も調査しておく必要があります。

　Eの立地では…被覆工などによって緑化すると、安定したと勘違いしそうなところです。しかし、風化が進むと、脆弱岩や上部の完新統崖錐堆積物の崩落が始まるので、留意する必要があります。

　Fの立地では…地下の形状が不明なので、周辺の地表調査から地下構成を推定しなければなりません。重要構造物を計画しているのであれば、ボーリング調査で確認し、適切な工法を考えなくてはなりません。いずれにしても、この立地では位置選定を誤ることが多いので注意が肝要です。

　Gの立地では…ほとんど問題はありませんが、被覆岩盤（溶岩や火砕流）の安定度には充分調査する必要があります。

4−9　断層破砕帯の崩壊

　断層とは岩盤のずれのことです。断層の形状と対策を、**写真81**から**94**までの14枚の写真で考えてみましょう。

　写真81から**84**の4枚の写真は、一つの谷の写真です。断層によって粉砕され脆弱化した岩盤が浸食されて谷になったこの断層線谷（断層谷といってもいい）では、谷の最上流で

模式断面図で基本工法を考える

脆弱岩
- 完新統の堆積物（崖錐堆積物・テフラ・火山砕屑岩など）
- 花崗岩質岩のマサ状風化（花崗岩・閃緑岩などのマサ状風化岩）
- 細片状に割れ目の発達した岩盤（圧砕岩・黒色片岩・ぬめた頁岩など）
- 変質・粘土化した岩盤（主として熱水変質作用による粘土化岩盤）

凡例：
- 完新統崖錐堆積物
- テフラ
- 更新統崖錐堆積物
- 被覆岩盤（溶岩）
- 更新統段丘礫層

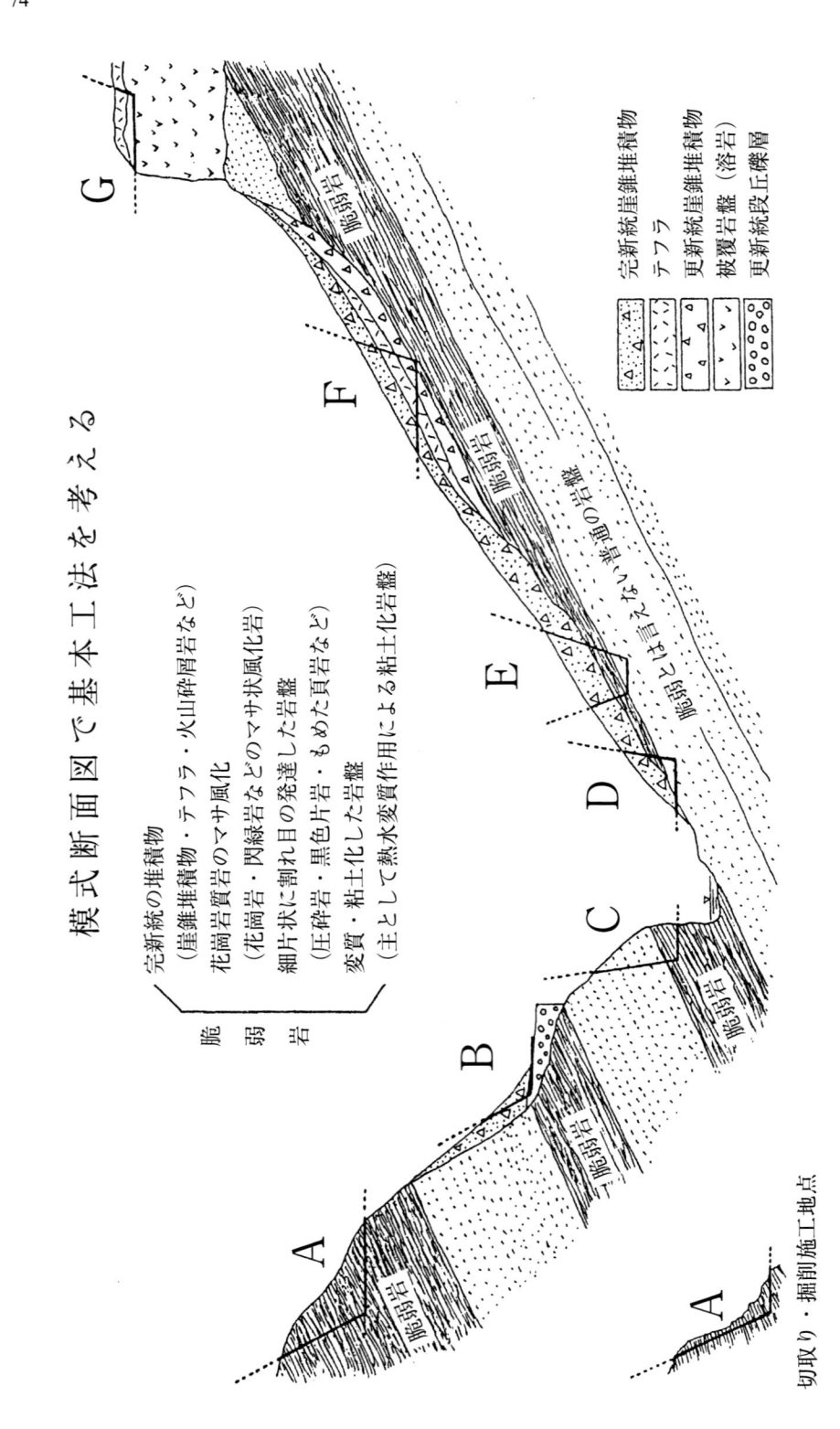

脆弱岩とは言えない普通の岩盤

切取り・掘削施工地点

図27 斜面の切取りと脆弱岩

4 現地の事例と地形・地質　75

写真81　断層線谷
美濃三河高原　濃飛流紋岩

写真82　断層線崖
美濃三河高原　濃飛流紋岩

写真83　断層破砕帯
美濃三河高原　濃飛流紋岩

写真84　断層線崖の山腹工
美濃三河高原　濃飛流紋岩

ある**写真81**の左下に当たるのが**写真83**で、そこには幅約30mの断層破砕帯が見られます。

　この断層破砕帯では、岩石は粉砕されていますが、粘土化はみられません。しかし、**写真82**や**84**の谷の中流から下流は、熱水作用で粘土化が進んでいます。山腹工は、脆弱粘土の上の施工になります。

写真85 断層地形
美濃三河高原　濃飛流紋岩

写真86 三角末端面
石見高原　凝灰角礫岩

　断層面の弱線に沿って熱水が侵入し粘土化している例や、断層破砕帯の熱水変質による粘土化は珍しくありません。このような断層による粉砕や熱水変質の粘土を、断層粘土と呼んでいます。
　写真85は、遠目で見た崩壊地ですが、一線状に見えます。現地に行って見ると、正しく断層線の窪みがあり、尾根には断層鞍部が見られました。
　写真86の三角末端面は、山脚末端面あるいは末端切面と呼ばれる山脚を切ったような三角状の断層崖で、おそらく浸食によって尾根の末端部分がなくなったのでしょう。
　この崩壊地の地質は、中生界の凝灰角礫岩や泥岩の互層で、一部に玄武岩の貫入が見られます。
　図28と**29**はこの現場です。**図28**は平面図、**図29**は緑化工計画を含む縦断面図ですが、現地の特徴は、崩壊地下部に断層破砕帯があり、断層破砕帯は渓流の中まで及んでいることです。
　そのため渓流には床固工を併用し、さらに、脆弱化した斜面には、鉄筋コンクリートの枠工を計画しました。斜面全体としては、山腹緑化工を計画しました。
　写真87は林道設計者にまったく断層の知識がなかったケースで、断層破砕帯にヘアピンをもってきているのも、単純に地形利用だったのかもしれません。対策としては、回避か、あるいは浅道の利用を考えるべきでしょう。
　写真88は、林道開設時に発見されたもので、まだ林木も倒伏途中のものが多くありました。この断面は、林道開設時ののり面として掘削されていましたが、施工者は気づかないようでした。対策として、断層面に沿った斜面の林木伐採と、下流部にダムを計画しました。
　写真89は、破砕帯の圧砕された岩盤で、熱水変質を受けて黄褐色の粘土もみられます。
　写真90は、断層の弱線にマグマと熱水が侵入粘土化し、固結状になっています。林道の

4　現地の事例と地形・地質　77

凝灰角礫岩の強風化帯

A

断層

流紋岩質凝灰角礫岩

50〜70

崖錐堆積物

粗粒玄武岩（岩脈）

泥質岩

湧水

湧水

崖錐堆積物

推定断層

渓床堆積物

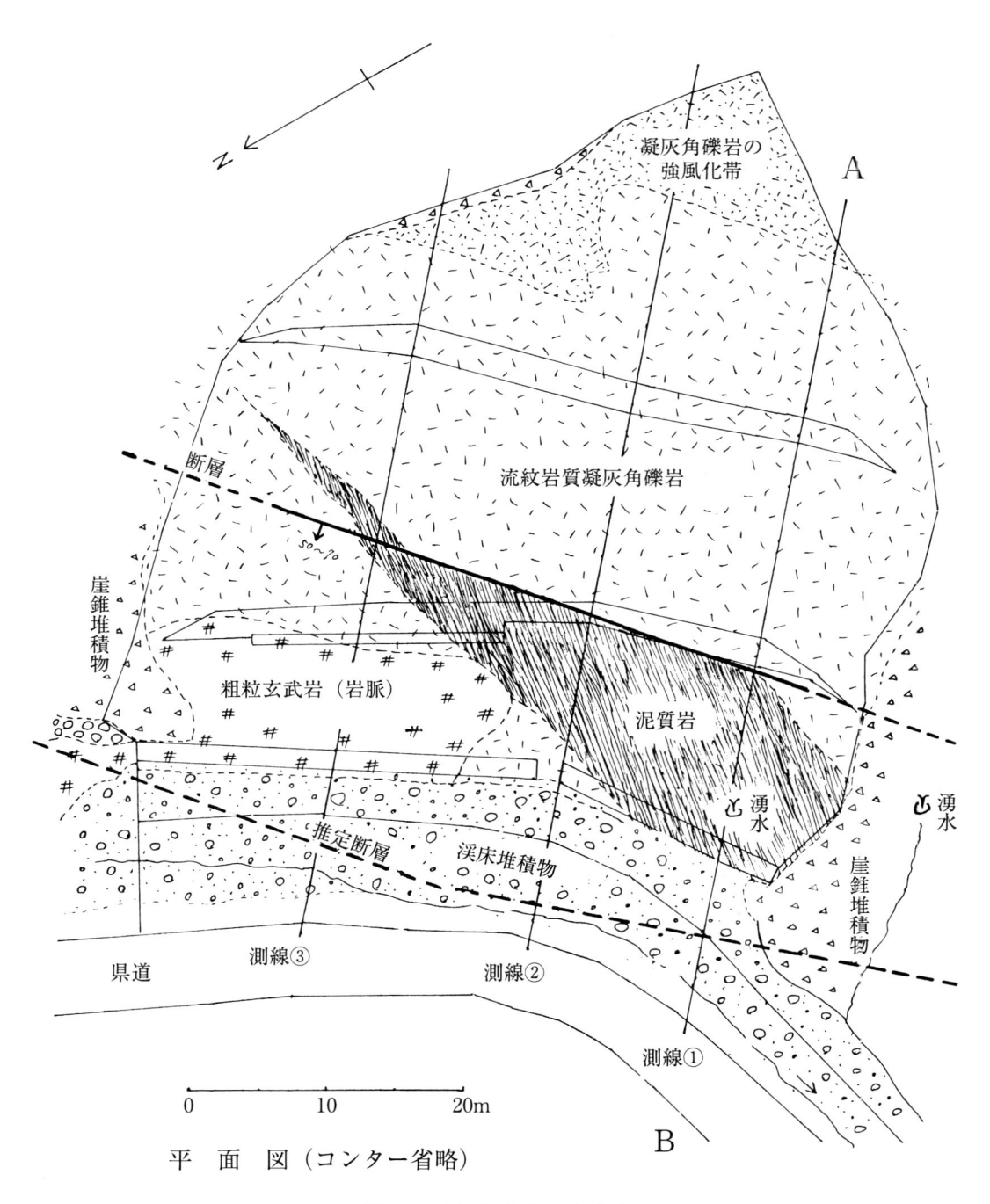

県道

測線③

測線②

測線①

0　　　10　　　20m

B

平　面　図（コンター省略）

図28　三角末端面の平面図

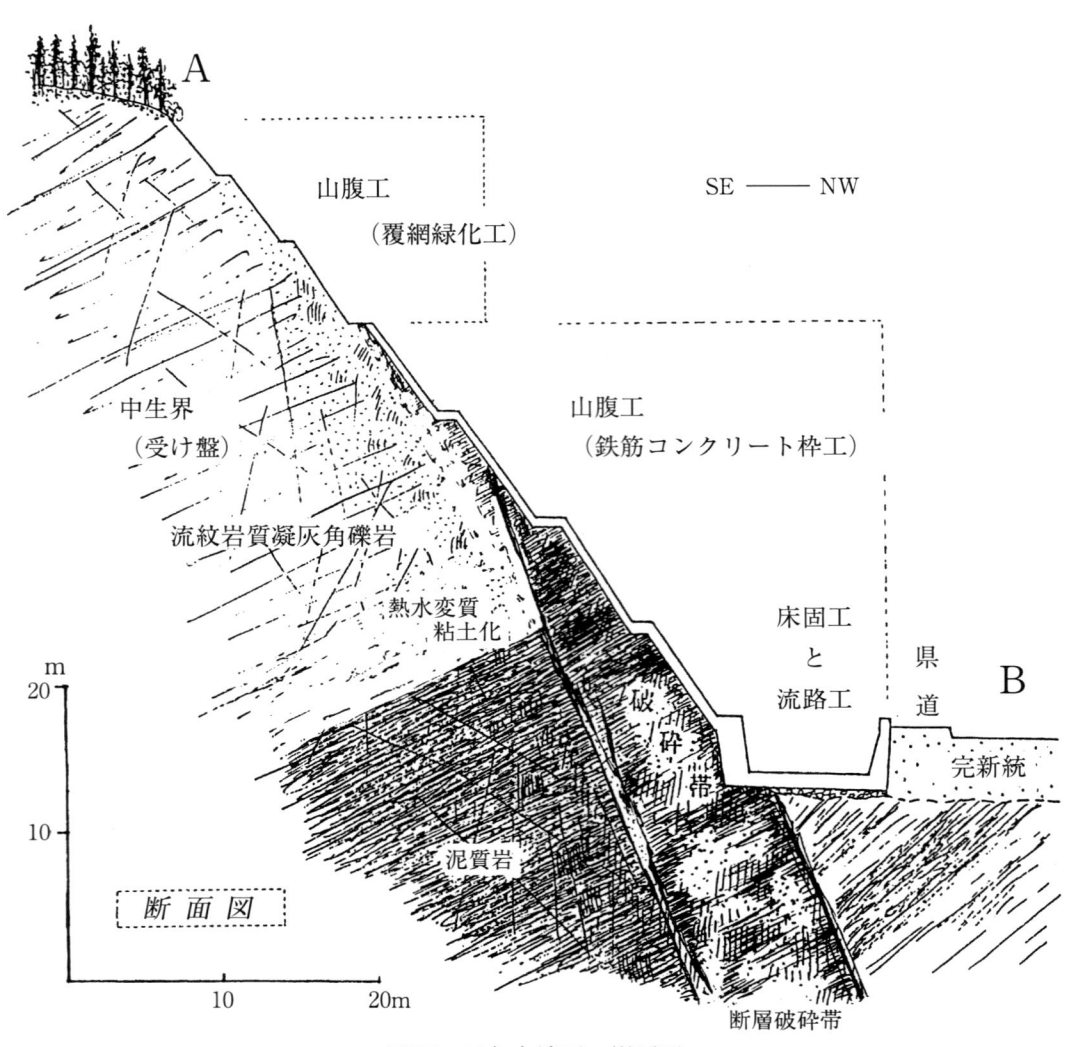

図29 三角末端面の縦断面

4 現地の事例と地形・地質　79

写真87　断層破砕帯に林道
美濃三河高原　濃飛流紋岩

写真88　ほやほやの活断層
美濃三河高原　花崗岩

写真89　破砕帯の圧砕岩
美濃三河高原　濃飛流紋岩

写真90　粘土化した断層
中九州火山帯　火砕岩

写真91 破砕帯の断層角礫Ⅰ
美濃三河高原　濃飛流紋岩

写真92 断層粘土
石見高原　凝灰角礫岩

写真93 破砕帯の断層角礫Ⅱ
美濃三河高原　濃飛流紋岩

写真94 破砕帯の粉砕岩盤
美濃三河高原　濃飛流紋岩

のり面にこのような断層が現れても、崩れの心配はありません。
　写真91は、破砕帯の粉砕された角礫です。熱水作用で粘土混じりに変質しています。
　写真92は、**写真86**の三角末端面に熱水が侵入して変質し、黄褐色の粘土になったものです。この断層粘土は、ほとんどの断層に見られます。**写真93**は、**写真91**の断層角礫と同じ場所ですが、割れ目の粘土は流れています。
　写真94は、粉砕された岩盤の割れ目に、珪質の熱水が侵入し、ガラス状に結晶したものです。

写真95 巨大礫を運ぶ土石流
岩木火山　岩屑堆積物

写真96 火山体の土石流
有珠火山　完新統の堆積

写真97 土石流段丘
飛騨山脈　渓床堆積物

写真98 スリットダムの効果
飛騨山脈　渓床堆積物

4-10　土石流

　土石流は、豪雨・融雪・強震などによって、山腹の崩壊流下土砂や渓流の不安定土砂の流動が原因で発生します。その規模や被災の程度は、供給水量・不安定土砂量・地形によって異なります。なかでも、火山体やその周辺には土石流堆積物が多く災害も多いので、留意が必要です。

　写真95の巨礫は、写真奥の上流から流下したもので、林内を調べましたが通過経路は不明でした。水量の多い土石流は、森林をどのように抜けるのでしょうか。

　写真96は、有珠火山南面中腹の新たに土石流が洗掘していった凹地で、前地形面の厚い火山砕屑物には驚かされました。

　写真97は、御嶽火山の濁河で観察したものですが、高さ約4mの段丘地形でした。突

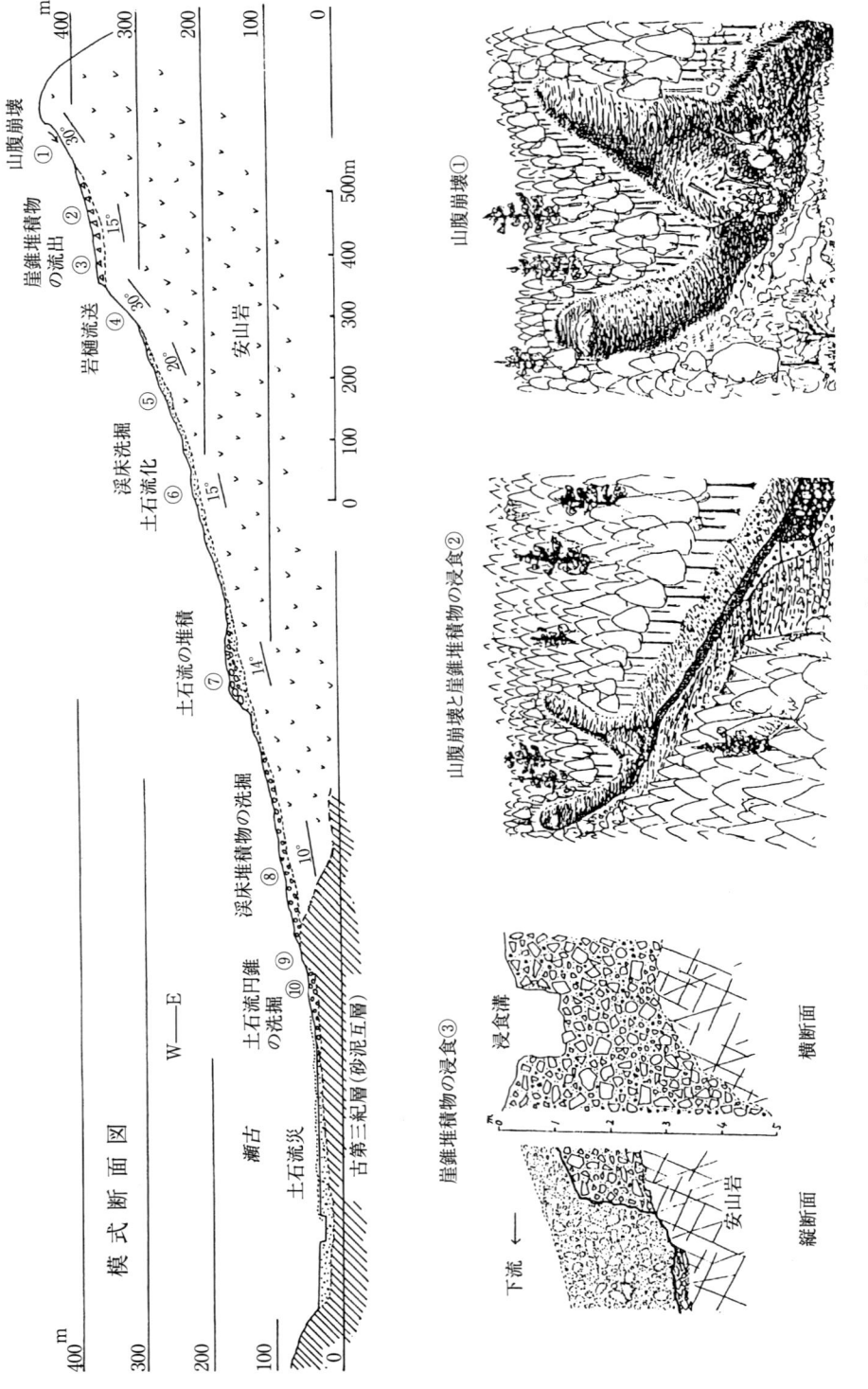

図30 土石流の発生から流出までⅠ

4 現地の事例と地形・地質　83

急傾面の岩樋④

渓床堆積物の洗掘浸食⑤

渓床堆積物の流動化⑥

土石流の堆積⑦

渓床堆積物の洗掘浸食⑧

谷の出口の土石段丘⑩

図31　土石流の発生から流出までⅡ

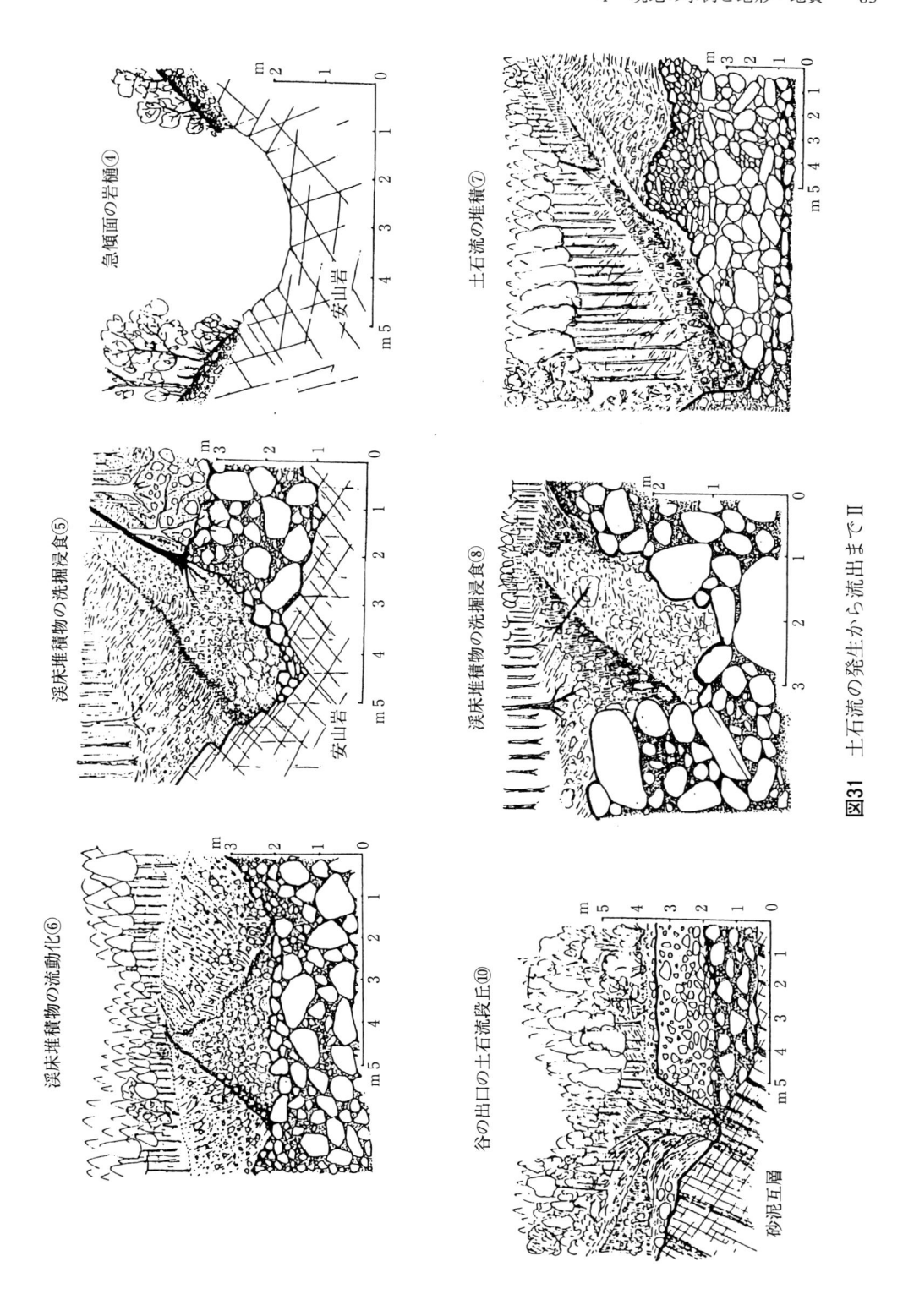

写真99 山頂近くの小崩壊地
長崎半島　安山岩　①

写真100　洗掘された通路
完新統の旧堆積を洗掘③

写真101　岩樋岩盤を流送
安山岩の急斜面は通過路④

写真102　洗掘された通路
洗掘されながら土石流化⑥

発的な土石流の発生と堆積で、このような地形が形成されます。

　写真98は、現在のスリットダムと設計は異なりますが、ダムが漏水機能を失うような満杯堆砂など、検討を要する問題は残ります。

　図30と**31**は、豪雨による土石流の発生により、沢の出口の集落が流失した事例です。**写真99**から**107**の9枚の写真は、その渓床を記録したもので、**図30**の①から⑩までの位置と

写真103 停滞して堆積
土石流の途中堆積⑦

写真104 洗掘された通路
洗掘されながら土石流化⑧

写真105 旧堆積物の洗掘
⑧の旧土石流堆積物

写真106 信じられない狭い通路
沢の出口　泥岩を主とする基岩⑨

ほぼ同じ場所を記録しました。

　重要なことは、①の山頂に近い斜面の小さな崩壊が発生源になり、流下しながら古い堆積物を洗掘流走したと見られることです。途中緩傾斜になったためか、⑦の地点で土石流は停滞堆積していました。

　写真106⑨の沢の出口では、水量が多かったのか立木の毀損もなく、集落を流失するほ

写真107 流出した集落の跡
⑩集落跡で家屋は殆ど流出

写真108 土石流災
石見高原　豪雨による被災

どの土石流通過とは思えませんでした。

　写真107は、土石流で被災した集落の跡で、沢の出口⑨は写真中央左側の森の切れ目です。ここは**図30**の⑩の位置にあたります。

　写真108は、山陰地方の豪雨で被災した集落です。流失を免れた家屋も、土砂の侵入で全壊同然でした。

　図32の現場は、飛騨高原の東部で豪雨によって小さな崩壊が起き、その流下によって大きな土石流災になった事例です。

　土石流の発生原因は、山頂緩斜面の断層破砕帯が小さな崩れを起こし、緩斜面に留まった完新統崖錐堆積物を巻き込んで流下したことに始まります。通常の場合だと、小崩壊で止まるところですが、豪雨と下部の流動しやすい堆積物の混成で、土石流に発達したことは注目すべきです。

　写真107の⑩のように沢の出口に位置する被災家屋は、全国的に共通しています。古くからある集落でも、同じように被災しています。おそらく生活水の問題から、伏流水利用に便利な沢の出口を選んだのだと思われます。

　対策として、生活水を別途に引き、土石流の通路から移転することが考えられます。

4 現地の事例と地形・地質 87

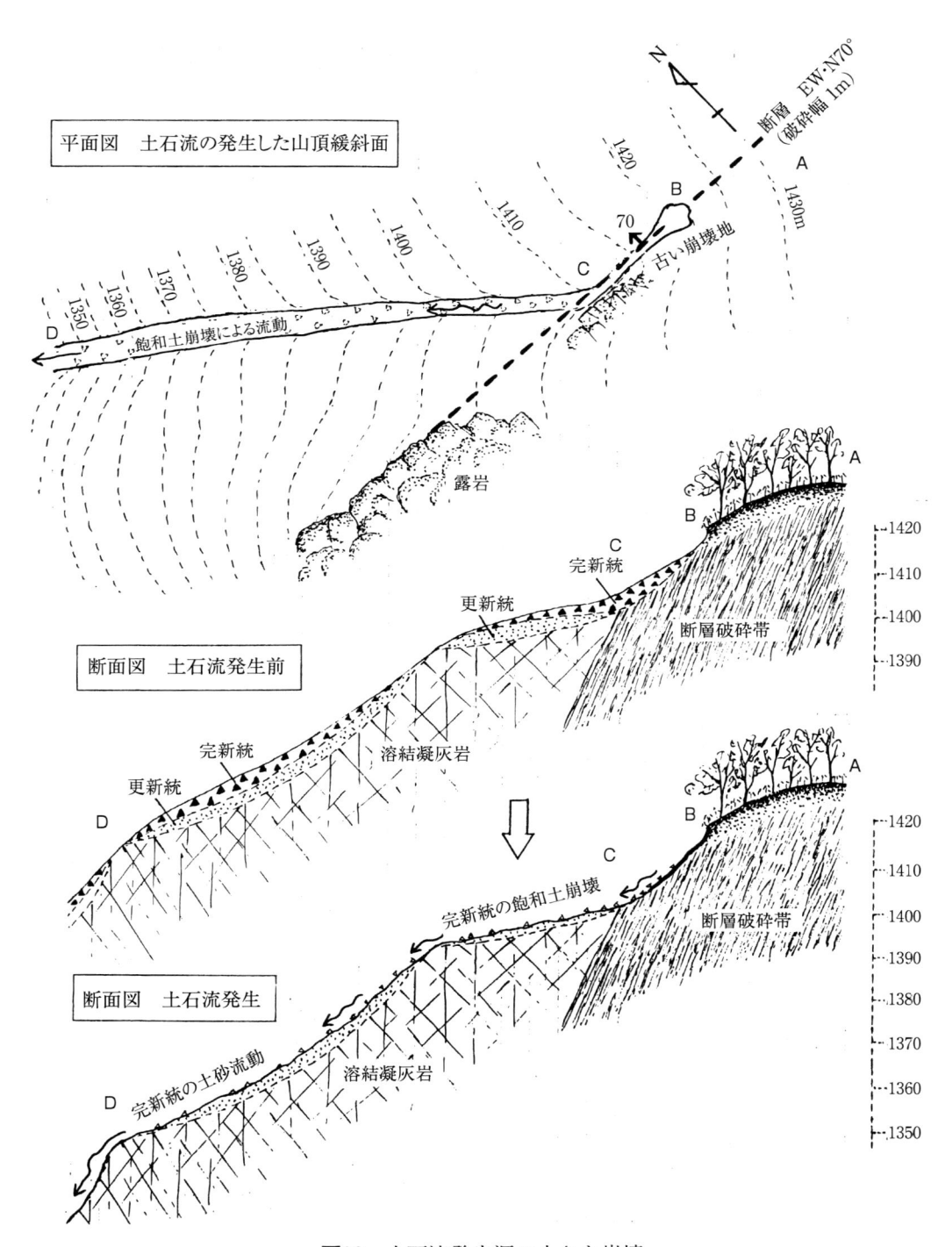

平面図　土石流の発生した山頂緩斜面

断層 EW・N70°
（破砕幅1m）

古い崩壊地

飽和土崩壊による流動

露岩

断面図　土石流発生前

更新統
完新統
溶結凝灰岩
断層破砕帯

断面図　土石流発生

更新統
完新統
完新統の飽和土崩壊
断層破砕帯
完新統の土砂流動
溶結凝灰岩

図32　土石流発生源の小さな崩壊

4-11　地すべり

　「地すべり」の定義については、長年論議されてきました。そして防止策についても、多くの専門家が実験し、現地で実施してきました。しかし、「地すべり」は止まりませんでした。

　それはなぜか？　こうも考えられます。土質工学的な手法で実験し実施したからではないか。それは地質工学的ではなかったのでは？　と。

　つまり、自然の姿ではなく、実験室の人工的に得られた推定だけだったのではないか？と。それこそ人知を超えた自然の力に及ばなかったということでしょう。

　とはいえ、地すべりの防止策は、それなりの効果を理解した上で利用すべきです。ただし、それはあくまでも緊急処置です。

　地すべりの定義に、「すべり面をもつ」ことがありますが、一つの滑り面だけでなく、多面的に不規則な滑りを示すものもあります。

　また、滑りか崩れかの判断も、困難です。「地すべり性崩壊」ともっともらしく説明されると、何となく了解してしまうのも、ごく普通になっています。

　このように、複雑な地すべりですが、対処するためには、その正体解明の手を緩めてはなりません。

　また、地すべりに直面したときの最良の対策として、「回避するか退避する」ことを忘れてはなりません。

　写真109は、いわゆる「地すべり性崩壊」と言うべきものです。白亜紀手取層群の上に噴火した更新世火砕岩が剥離崩壊したもので、規模も大きくなっています。こういう火山体の崩れは、白山火山南西面の特徴です。

　写真110は、「地すべり地形」の典型で、新第三系の泥質岩地域ではよくある地形です。独特の水田風景は、地すべりを重ねてきた歴史的な土地利用の形でもあります。

　写真111と**112**は、**図33**および**34**の調査現地で、基盤の白亜紀手取層群の上に堆積した火砕岩層が、手取層群の傾く南西方向に剥離崩壊した大規模な地すべりであり、**写真109**と同じような崩れ方をしたものです。

　写真112は**図33**の中央よりやや左の橋梁のある地点を中心に南から撮ったもので、**写真**112の右斜面や正面山地の左端上部は「地すべり地塊」です。

　白山火山は著しく浸食が進み、標高3,000mと考えられた山容は今はなく、火山体の南西部では**写真109**と111のような大規模の変動痕跡を残しています。ここでは「地すべり」の典型的なものは見られませんが、大規模な「地すべり性崩壊」と思われる現場を見ることができます。

4　現地の事例と地形・地質　89

写真109　山腹の崩壊
両白山地　層面の剥離崩壊

写真110　地すべり地形
越後丘陵　新第三系泥質岩

写真111　山腹の剥離崩壊
両白山地　大規模な地すべり

写真112　地すべり地塊
両白山地　写真左下のみ基岩

　図33は、白山火山西側の湯ノ谷川上流域で、左岸には地すべり土塊（ここでは大規模なため土塊というよりも地塊と呼ぶ方が適切）の堆積が下流へ続いており、堆積状態から完新統と考えられました。
　湯ノ谷川沿いの左岸、つまり白山火山体側に「地すべり地塊」は残り、左岸上部の基岩（手取層群）露頭域とあわせて考えると、剥離崩壊ということは、現場を歩いても実感できました。
　剥離崩壊の時期については、資料収集できませんでしたが、大白川岩屑流との関連が判明すれば興味深いと思われました。
　図33に示した2本の地質断面線では、**図34**のような地質で滑落を確認できました。また、**図34**に治山運搬道の延長問題をあげましたが、完新統の「地すべり地塊」では、維持管理ができていないことが原因でした。そこで、手取層群の地質区を利用して治山運搬道を延長計画することにしました。

平面図

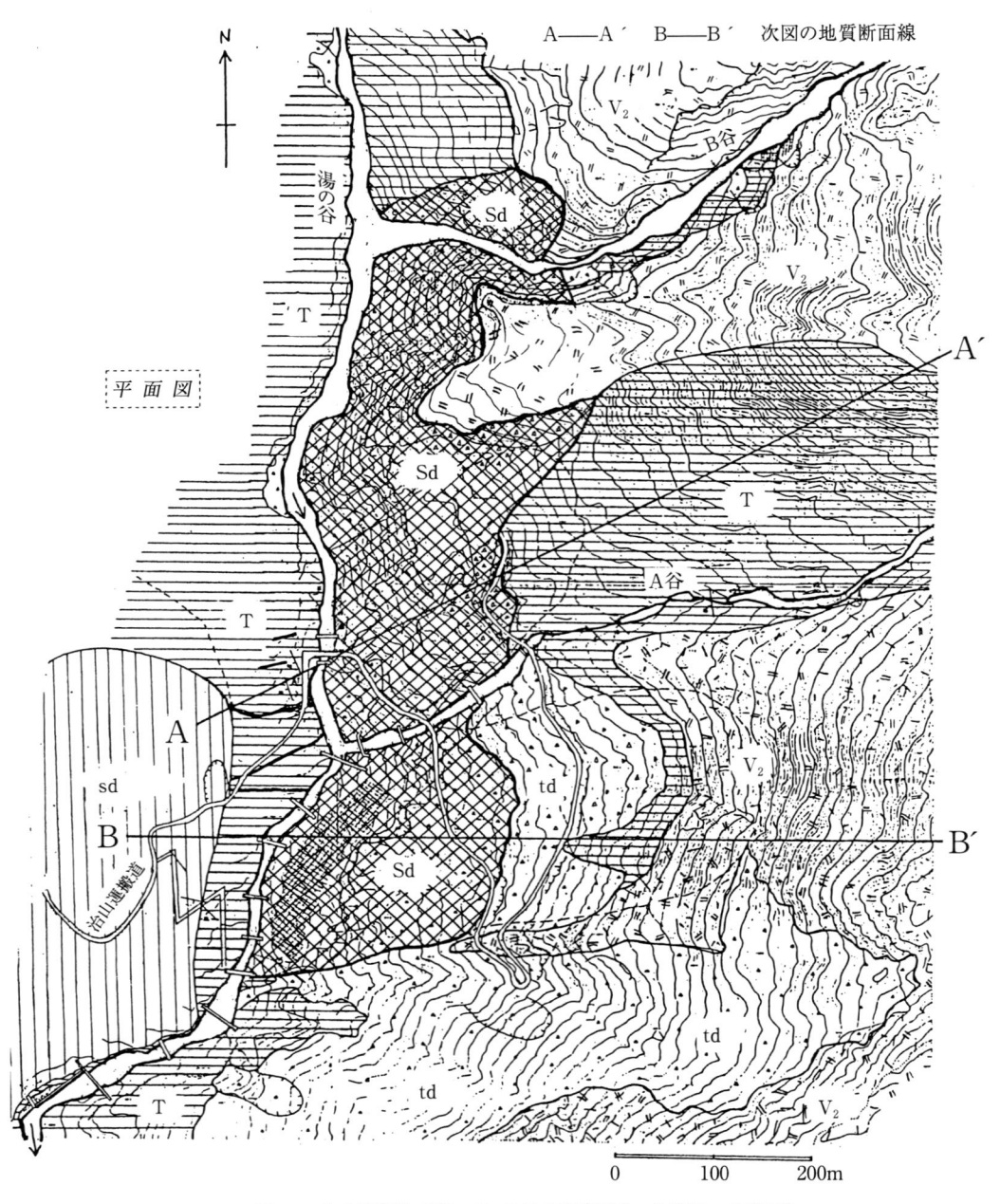

V₂……火山噴出物の残っている侵食面（溶岩、火砕流、火砕岩）
T ……火山噴出物が滑落・崩壊した、基岩盤の地質区（手取層群）
Sd……火山の活動以前に滑落した「地すべり地塊」
sd……新しい滑落による「地すべり土塊」
td……崖錐堆積物

図33 層面の剥離崩壊（地すべり）

治山運搬道の問題点

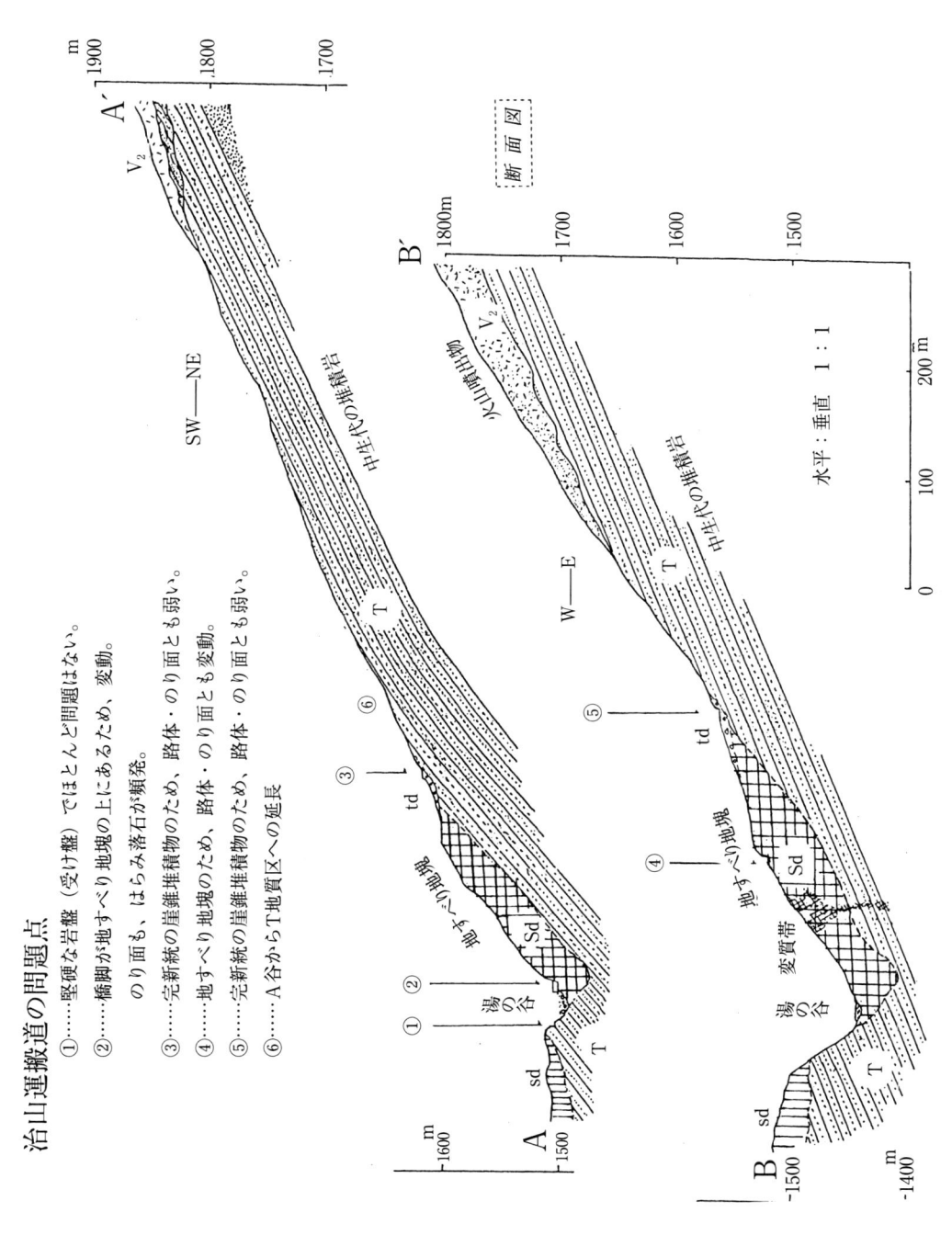

① …… 堅硬な岩盤（受け盤）でほとんど問題はない。
② …… 橋脚が地すべり地塊の上にあるため、変動。のり面も、はらみ落石が頻発。
③ …… 完新統の崖錐堆積物のため、路体・のり面とも弱い。
④ …… 地すべり地塊のため、路体・のり面とも変動。
⑤ …… 完新統の崖錐堆積物のため、路体・のり面とも弱い。
⑥ …… A 合から T 地質区への延長

図34 層面の剥離崩壊（A–A′ B–B′ 断面図）

図1 平面図

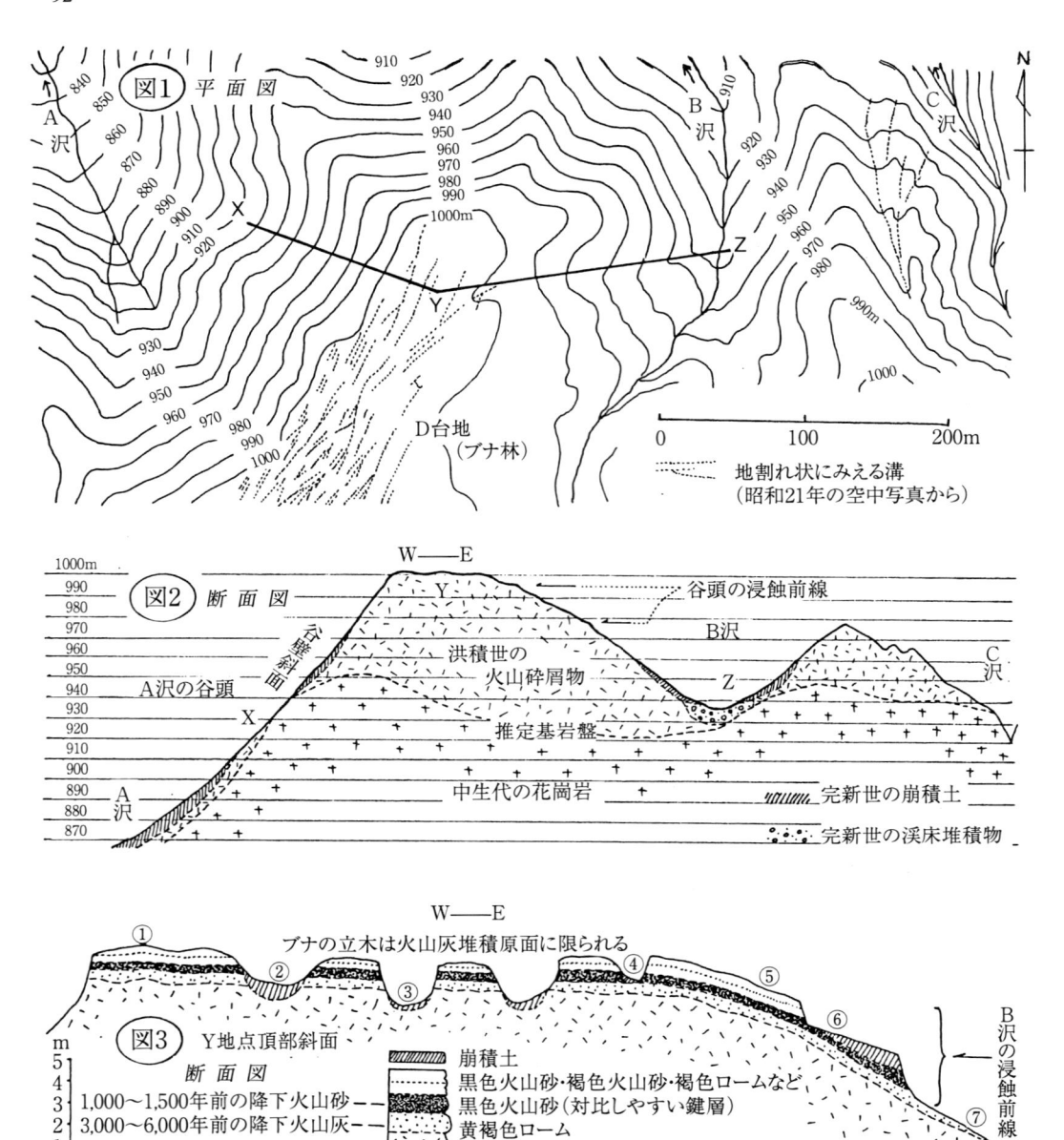

地割れ状にみえる溝
（昭和21年の空中写真から）

図2 断面図

谷頭の浸蝕前線
洪積世の火山砕屑物
A沢の谷頭
推定基岩盤
中生代の花崗岩
完新世の崩積土
完新世の渓床堆積物

図3 Y地点頂部斜面断面図

ブナの立木は火山灰堆積原面に限られる

1,000〜1,500年前の降下火山砂
3,000〜6,000年前の降下火山灰

B沢の浸蝕前線

崩積土
黒色火山砂・褐色火山砂・褐色ロームなど
黒色火山砂（対比しやすい鍵層）
黄褐色ローム
火山砕屑物（礫は安山岩で、深層まで風化）

D台地からB沢にかけて「地すべり」地区とされていたが、D台地のテフラの調査によって、「地すべり」ではなく、浸食に伴う「ガリーの発達と倒木現象」と判明した。

図35　似て否なる地すべり

図35の現場は、D台地からB沢にかけて「地すべり」地区とされていました。対策として、表土の排除工法がとられ、すでに着工していました。しかし、D台地の「テフラ調査」によって、地すべりではなく、「浸食によるガリーの発達と倒木」と判明し、施工を中止しました。

その他、全国的に「地すべり」と誤診された例は多くあります。「河岸堆積物の上に堰堤工事をして、堰堤が動いた」「流れ盤基岩の上に堰堤工事をしたが、止め工事を怠ったため堰堤が動き出した」「完新統崖錐の崩壊を地すべりとして、水抜工事を崖錐堆積物の中にした」などのケースがあり、留意すべきことです。

4-12　緑化工

「崩壊地を緑化して森林に」「ハゲ山を緑化して森林へ」そういう目的で緑化工は技術化され、参考文献もたくさんあります。ところが、最近の急速な労力不足によって、きめ細かな緑化工技術は失われようとしています。しかし、森林土木の仕事として必須のこの技術は、失ってはなりません。

「緑化」というボランティア的な協力や「緑化工」の新しいアイディアは、森林愛護の重要性を認識した証ではありますが、事業化するまでには至っていません。

崩壊地やハゲ山が作業しにくい立地であったり、現地への到達が困難であったりして、事業化の条件が整わないのが実情です。

そんな情勢の中で注目したいのは、航空機による緑化工で、特にヘリコプターを利用した技術はすでに技術化されており、緑化工推進の柱となるでしょう。

ヘリコプター緑化工の実施要件として、次のことがあげられます。

　　植物の種子は現地採集し、精選、及び散布機の開発。
　　立地に応じて種子・肥料を先蒔きし、被覆剤は後撒き。

つまり、現地の地域植生相の種子を選び、立地条件に応じて種子の着地発芽を確実にするということです。

写真113は、ヘリコプター緑化工が導入されるまで、足尾の荒廃地ではほとんど人力で施工されていたこと示しています。おそらく全国の緑化工も、同じように人力施工だったことでしょう。

写真114は、1960年頃の足尾銅山精錬所周辺の無惨なハゲ山で、写真右の谷に精錬所があり、硫煙は谷沿いの山奥まで延びて荒廃しました。精錬所の操業は1956年まで続き、自溶精錬に代わりましたが、雨の日には亜硫酸ガスの放出があり、精錬所の廃業まで煙害は止まりませんでした。

写真115は、**写真**114の手前の沢から上流側になり、左上端には男体火山の頂上が見えて

写真113 1960年頃の足尾山地の緑化工
（人力工法で筋工の実施）

写真114 足尾山地の荒廃Ⅰ
足尾銅山周辺のハゲ山

写真115 足尾山地の荒廃Ⅱ
被覆剤を撒布した緑化工施工地

います。足尾の荒廃地は、意外にも観光地の日光中禅寺湖と背中合わせでした。
　足尾では被覆剤にアスファルト乳剤を使用したので、施工後の山肌は黒くなりましたが、この色づきは、撒布効率を上げるには好都合でした。
　写真116と**117**は、同じ撒布基地の背景植生が注目されます。写真右からの尾根下の斜面は施工後42年の植生で、補植もありましたが森林化しています。

写真116 足尾の緑化工Ⅰ
1970年頃の散布基地の背景

写真117 足尾の緑化工Ⅱ
2007年の散布基地跡の背景

写真118 足尾の緑化工Ⅲ
1970年頃の足尾ダム右岸

写真119 足尾の緑化工Ⅳ
2007年の足尾ダム右岸

　写真118と**119**は、同じ斜面で、森林化はもう遠くない状況です。このように森林化した要因として、足尾銅山の精錬中止の影響が考えられ、森林化の種子と肥料があれば、自然復旧は容易です。

　写真120と**121**は、様々な場所と機会で試みた播種と植栽試験、あるいは地表二作の例です。

　写真122と**123**は、撒布量・発芽状態・生育状態などの調査のため試験区を設けていたものですが、これらの試験調査は施工初期に限られました。

　写真124と**125**は、撒布の電動バケットで、施工業者により形状や大きさに違いがあります。大事なことは、地元産の種子と被覆剤のスムースな撒布で、技術の向上が望まれます。なかでも、種子撒布には、小箱に分けた電動バケットが有効です。

　写真126は、施工後数年で自然侵入したリョウブにより灌木林化している状態で、煙害がなければ施肥のみでも自然復旧したのではないかと思われました。

写真120　足尾の緑化工Ⅴ
適合する樹種や播種法を求めて

写真121　足尾緑化工Ⅵ
地表安定の試みも繰り返された

写真122　足尾の緑化工Ⅶ
被覆剤を剥がして散布量の調査

写真123　足尾の緑化工Ⅷ
礫の間から牧草とイタドリ発芽

写真124　足尾の緑化工Ⅸ
粒状肥料用電動バケット

写真125　足尾の緑化工Ⅹ
被覆剤用電動バケット

写真126 足尾の緑化工 XI
緑化工と自然復旧の山腹もある

写真127 緑化材料を変えて XII
天塩山地では緑化材混合撒布

写真127の地表には礫や岩石が少ないので、緑化材混合撒布の方が効率が上がるでしょう。

5
現場で役立つ手法

5-1　堆積物の厚さ推定法

5-1-1　斜面の岩盤推定法

> ①断面線を決めて、地形縦断面図をつくる。
> ②周辺の中〜小地形の浸食形状を理解する。
> ③断面線沿いの微地形的な浸食や堆積の形状を理解して、地形断面図に基岩の露頭を記入する。
> ④基岩の推定岩盤線を描き、崖錐堆積物を書き分ける。
> ※岩盤線とは、新第三紀以前の基岩盤で、多少の風化部を含めてその上面をいい、第四紀堆積物の下面であり、森林土木で扱う構造物の基礎岩盤である。基盤強度の基準はない。

ここでは、山腹斜面の崖錐堆積物と渓流の渓床堆積物の厚さを推定する方法を述べます。両者は別々に考えるべきではなく、基岩盤の上に堆積した第四紀堆積物を同じように見るべきです。崖錐堆積物は山腹であり、渓床堆積物は渓流という違いにすぎません。

いくつかの事例で、まず山腹斜面の堆積物を観察してみましょう。

図36は美濃三河高原の事例で、同じ斜面でも①②③の場所ごとに形状が異なり、崖錐堆積物の量にも差が見られます。つまり、ⒷⒸが急崖の浸食面で、Ⓓが遷緩点から緩くなった堆積面です。

このような微地形的な観察ができれば、現場で容易に岩盤線が描けます。

図37は、火山体下部の変朽安山岩と緑色岩という特殊な岩石です。前者は、朝日山地の月山であり、斜面は流動崩壊を繰り返し濁水は常時流れ出て、崖錐堆積物は緩斜地形以外には見られませんでした。後者は、両白山地の崩壊地で、崩壊斜面は平面的で、ほとんど崖錐堆積物は見られず、遷緩点以下の沢に厚く堆積していました。

図38は、紀伊山地の山間地で、大規模崩壊の跡地を利用した運動公園の計画地でした。利用できる土地の少ない河川沿いのここでは、無理からぬ計画であったといえます。計画の中心となる崩落岩盤を考えてみましょう。

最も留意しなければならないのは、崩壊地の随所に岩盤クリープの岩肌が見られたことであり、おそらくこの崩壊地も岩盤クリープが関与したのかもしれません。付加コンプレックスの地質区の場合、海底地すべりなどの影響で岩盤がもめて、滑動しやすいので注意が必要です。

豪雨や地震で、崩落岩盤が不安定になる危険性は高く、運動公園としては不適です。

模式断面図

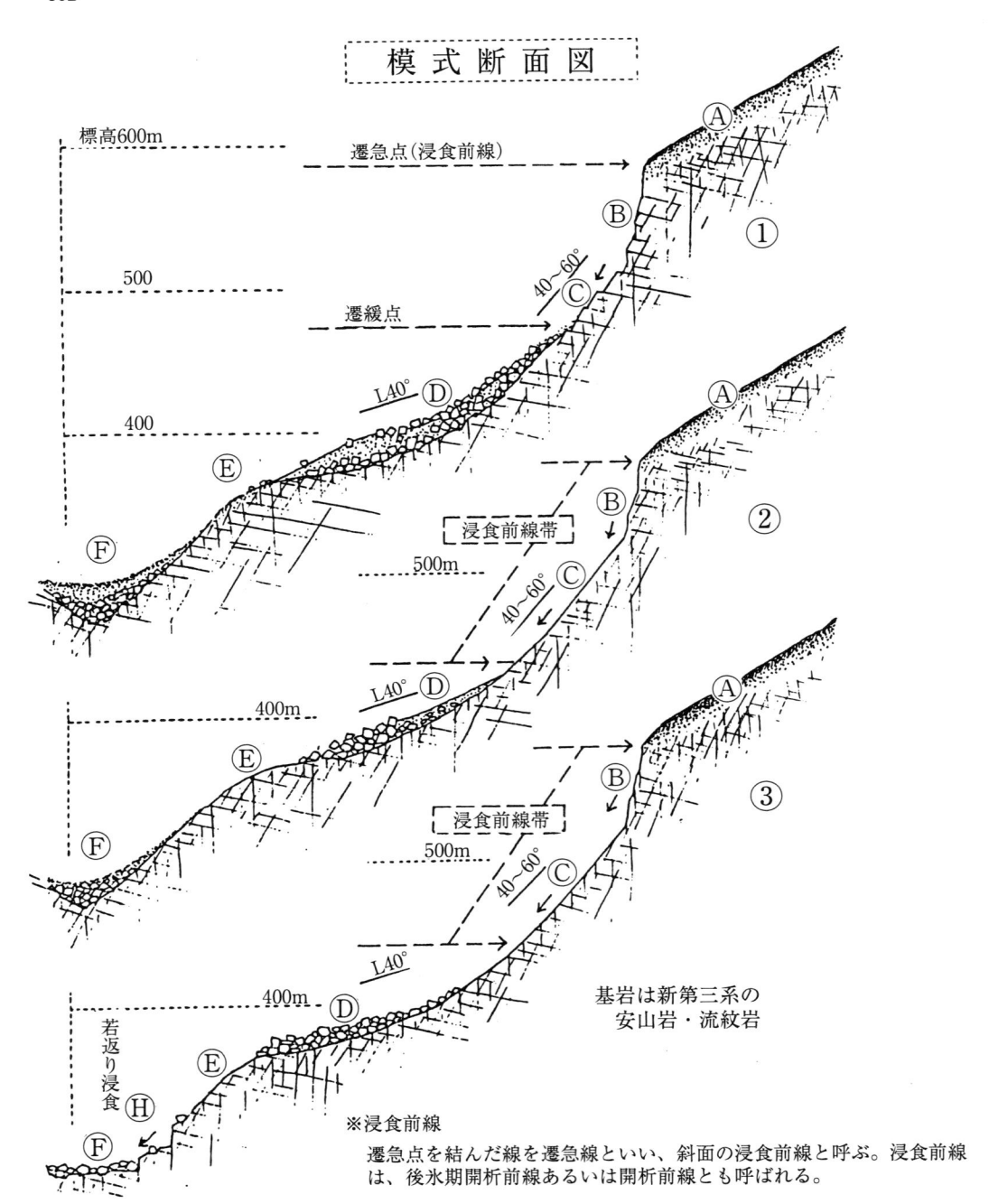

標高600m — 遷急点(浸食前線)

500

遷緩点

400

40~60°

L40°

浸食前線帯
500m

400m

L40°

浸食前線帯
500m

若返り浸食

400m

基岩は新第三系の
安山岩・流紋岩

※浸食前線
遷急点を結んだ線を遷急線といい、斜面の浸食前線と呼ぶ。浸食前線は、後氷期開析前線あるいは開析前線とも呼ばれる。

図36　斜面の岩盤線推定法Ⅰ

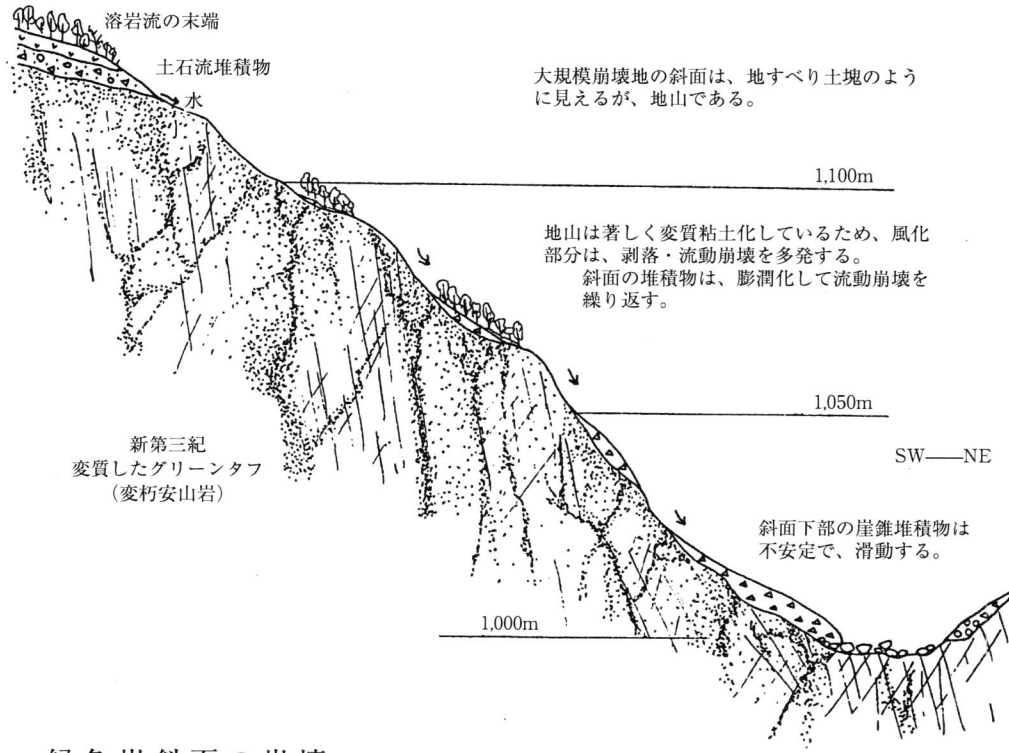

5　現場で役立つ手法　103

大規模崩壊地の斜面は、地すべり土塊のように見えるが、地山である。

1,100m

地山は著しく変質粘土化しているため、風化部分は、剥落・流動崩壊を多発する。
斜面の堆積物は、膨潤化して流動崩壊を繰り返す。

1,050m

SW——NE

斜面下部の崖錐堆積物は不安定で、滑動する。

1,000m

溶岩流の末端
土石流堆積物
水

新第三紀
変質したグリーンタフ
（変朽安山岩）

緑色岩斜面の崩壊

緑色岩は海底火山による火砕岩で、変質して緑がかっている。層理はなく、不規則な剥離面は粘土化しているため光沢がある。きわめて脆弱で、土構造物の開設には注意を要する。

岩石の顕微鏡による観察では、斜長石が曹長石・方解石・ブドウ石に変質したものや、粘土鉱物の緑泥石・スメクタイト（モンモリロナイト）などが見られた。

緑色岩の滑落崖
ジュラ紀の付加体
緑色岩
崖錐堆積物
岩盤すべり土塊
断層
緑色岩

斜面の緑化計画
　工法としては、岩盤すべり土塊を末端部で支持安定させ、斜面攪乱を避けて、播種緑化することが望ましい。

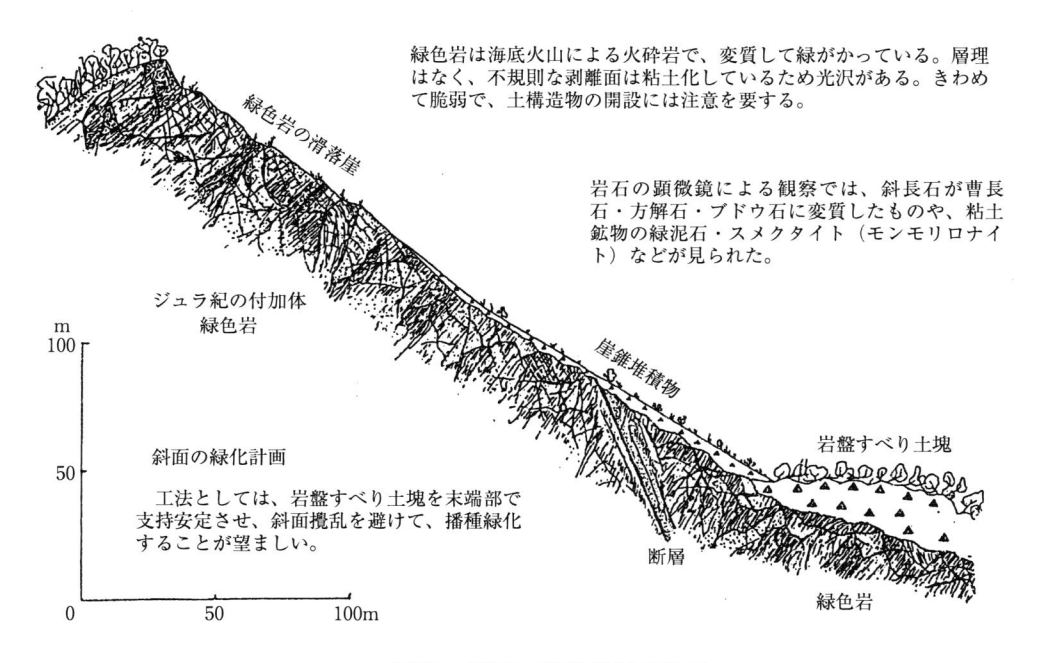

図37　斜面の岩盤線推定法Ⅱ

模式断面図

大規模な山留工を要す

国道
開発計画地
崩壊土砂
崩落岩盤
付加体中生層
（泥岩を主とし、珪化作用のため砂岩層は白色の珪質岩になって地層はもめている）
花崗岩
断層

0　100　200m

① ……崩壊土砂の堆積物
② ……滑動崩落途中の岩盤
③ ……岩盤クリープ面

山留工を要す

断面図
A
国道

中生層
（付加コンプレックス）
砂泥互層

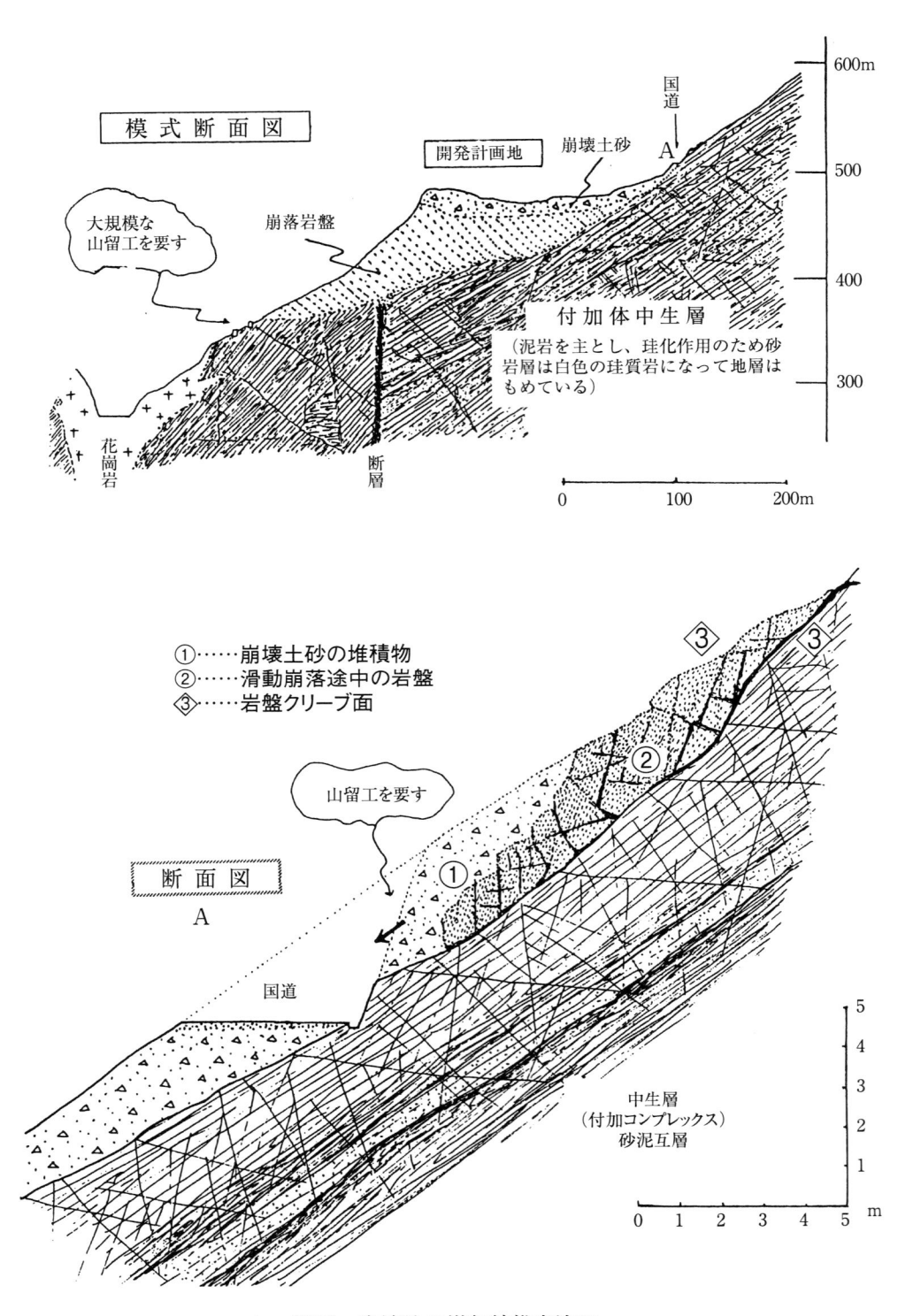

0　1　2　3　4　5　m

図38　崩壊地の岩盤線推定法Ⅲ

5 現場で役立つ手法 105

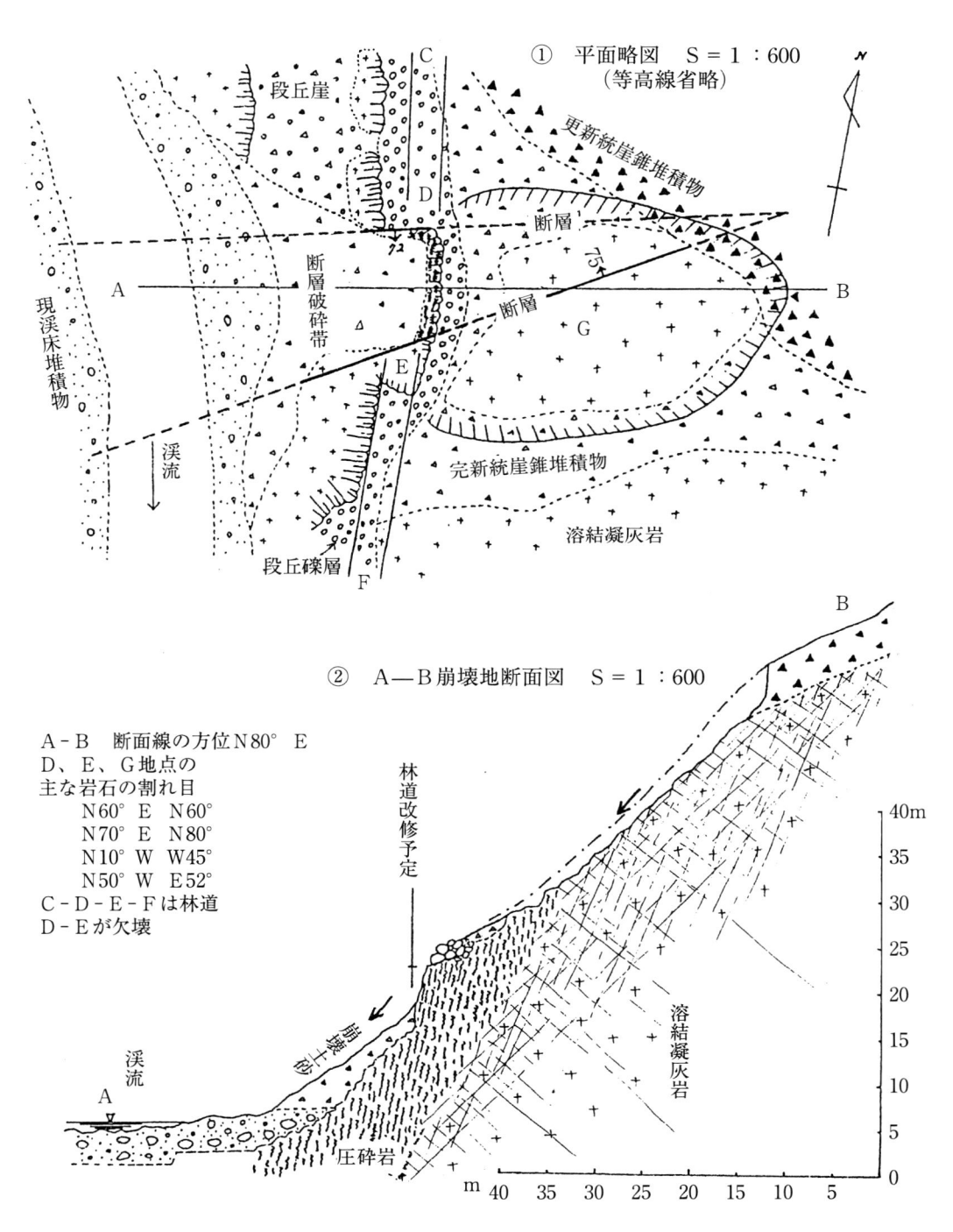

① 平面略図　S＝1：600
（等高線省略）

② A—B崩壊地断面図　S＝1：600

A-B　断面線の方位 N80°E
D、E、G地点の
主な岩石の割れ目
　　N60°E　N60°
　　N70°E　N80°
　　N10°W　W45°
　　N50°W　E52°
C-D-E-Fは林道
D-Eが欠壊

図39　断層破砕帯の岩盤線推定法Ⅳ

図39は美濃三河高原の濃飛流紋岩地質区で、断層破砕帯に気づかずに林道を通して、破砕帯の部分が豪雨によって抜け落ちた事例です。「断層があるので崖錐堆積物を調べるのにはやっかい」と思わずに、図39のような図を描いてみると、現地が理解できます。

5-1-2　現場での渓床推定法

①工事に必要な断面線を決めて、地形断面図をつくる。
②断面線周辺の曲流部や攻撃斜面をつかむ。
③断面線周辺の露頭、河岸浸食の形状、氾濫原の位置・範囲、渓床堆積物などを調べる。
④地形断面図に基岩の露頭を記入して、推定岩盤線を描き、渓床堆積物を書き分ける。

5-1-1では山腹斜面の岩盤線を考えましたが、渓流の場合も同じように考えればいいわけです。異なるのは「低い地形を流体が運搬する営力」として、水流だけでなく、火砕流・土石流・泥流などや、火山体では溶岩も考えなければならないことです。溶岩や火砕流の場合、固結したらそのまま岩盤として利用できることもあり、土石流や泥流でも大量の場合など一概に言えず、個別性は強くなります。現渓流の曲流・堆積面・攻撃斜面の位置や流送土砂量などの確認が必要ですし、渓床堆積物の規模が大きい場合にはボーリング資料も必要です。

渓流での工事を、「渓流工事」または「渓間工事」と呼んでいます。

図40のA－B断面で岩盤線を推定してみましょう。図40の地質図は、足尾山地の標高770m付近の安蘇沢入口で、写真116と同じ場所です。基岩盤は中・古生界の足尾層群で、Slは粘板岩・砂岩の互層（ホルンフェルス化している）、Chはチャート。新第三系ではAn：安山岩（岩脈）、第四系ではtr：河岸段丘（ltrは低位河岸段丘）、td：崖錐堆積物、rd：現河床堆積物、その他のlmは降下ローム。足尾層群の背斜軸、地層の走向・傾斜、断層面の走向・傾斜です。

A－B断面の岩盤線のひき方は、図40を約2倍に拡大し、方眼紙上で標高と距離からA－B断面図を描き、図41のように地質の境界点を記入しました。渓床にはSlの露頭があるのでrdは浅いと判断され、岩盤線は容易にひくことができました。

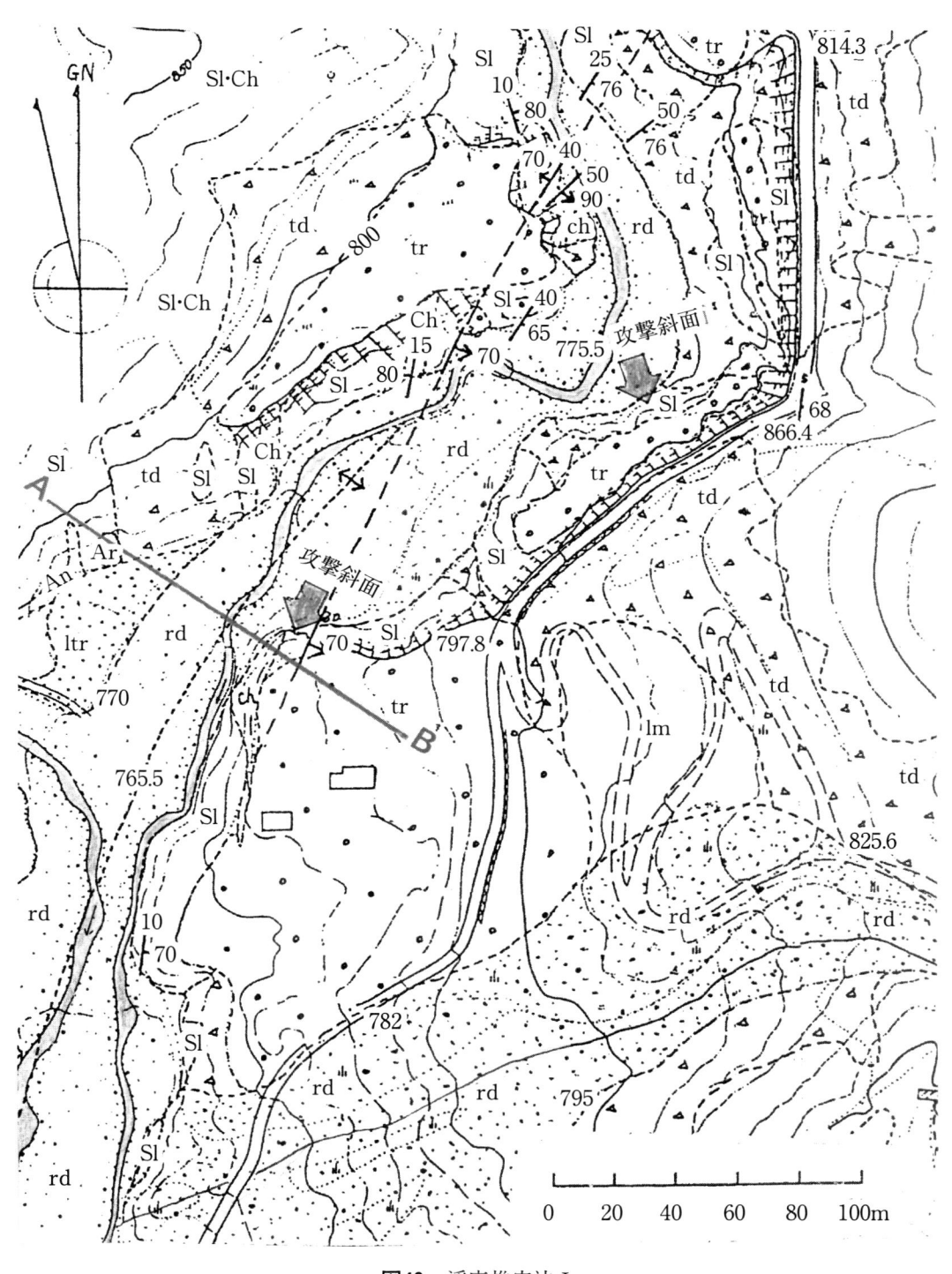

図40　渓床推定法 I

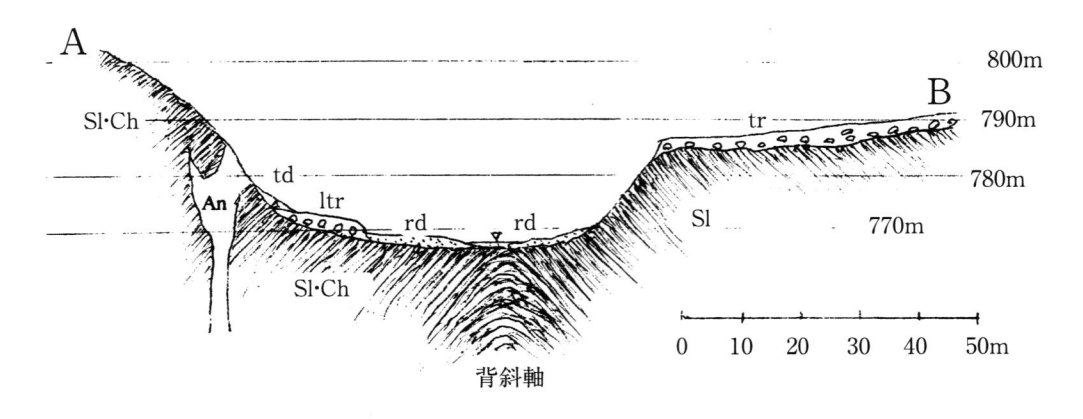

図41 渓床推定法Ⅱ

5-2 崩壊危険地の予測

「崩壊危険地」とは、山地浸食の営力で崩れそうな場所です。

崩壊の形態は多様で、山腹崩壊・渓流崩壊・地すべり・火山性崩壊・禿山などがありますが、いずれも単独現象ではなく諸要素がかかわり合ったものです。

ここでは、崩壊危険地の予測を「地形」と「地質」の2要素で割り出しました。開析の進んだ四国山地では2要素で充分適合すると判断されました。ただし、更新世に崩壊したと思われる堆積土塊も多く、地すべり的滑動の危惧は拭えません。

図42は、空中写真で凡例に示すような区分をし、さらに現地調査を重ねて地形解析図を作成したものです。区分方法は、初回踏査の感覚で得た「現地を表現する独自の区分」としました。

図43は、現地調査により作成した地質図です。現地の地質区は「秩父帯」と呼ばれ、古生代から中生代にかけて海底地すべりで堆積した地層です。

図43の凡例に示した岩石の中には脆弱な岩石もあり、特に緑色岩は凝灰岩や溶岩を起源としたもので、板状のものは崩壊しやすく、現地では「青ザレ」と呼ばれています。千枚岩はこの地域の主体をなし、一部のものは泥質片岩になっていて、緑色岩・千枚岩ともに浸食・風化に弱く剥離性にも富み崩壊しやすいのが特徴です。

図44は、**図42**の「地形解析」と**図43**の「地質」を重ねて割り出したもので、次の浸食営力によって「崩れそうな場所」を示しました。

図44の凡例にある「崩壊危険地」と「崩壊の危険あり」は前者をやや優位と考える程度です。

図45は、**図44**に示したX－X′とY－Y′の断面線及びC、F、H、K、M地点の地質断

5 現場で役立つ手法 109

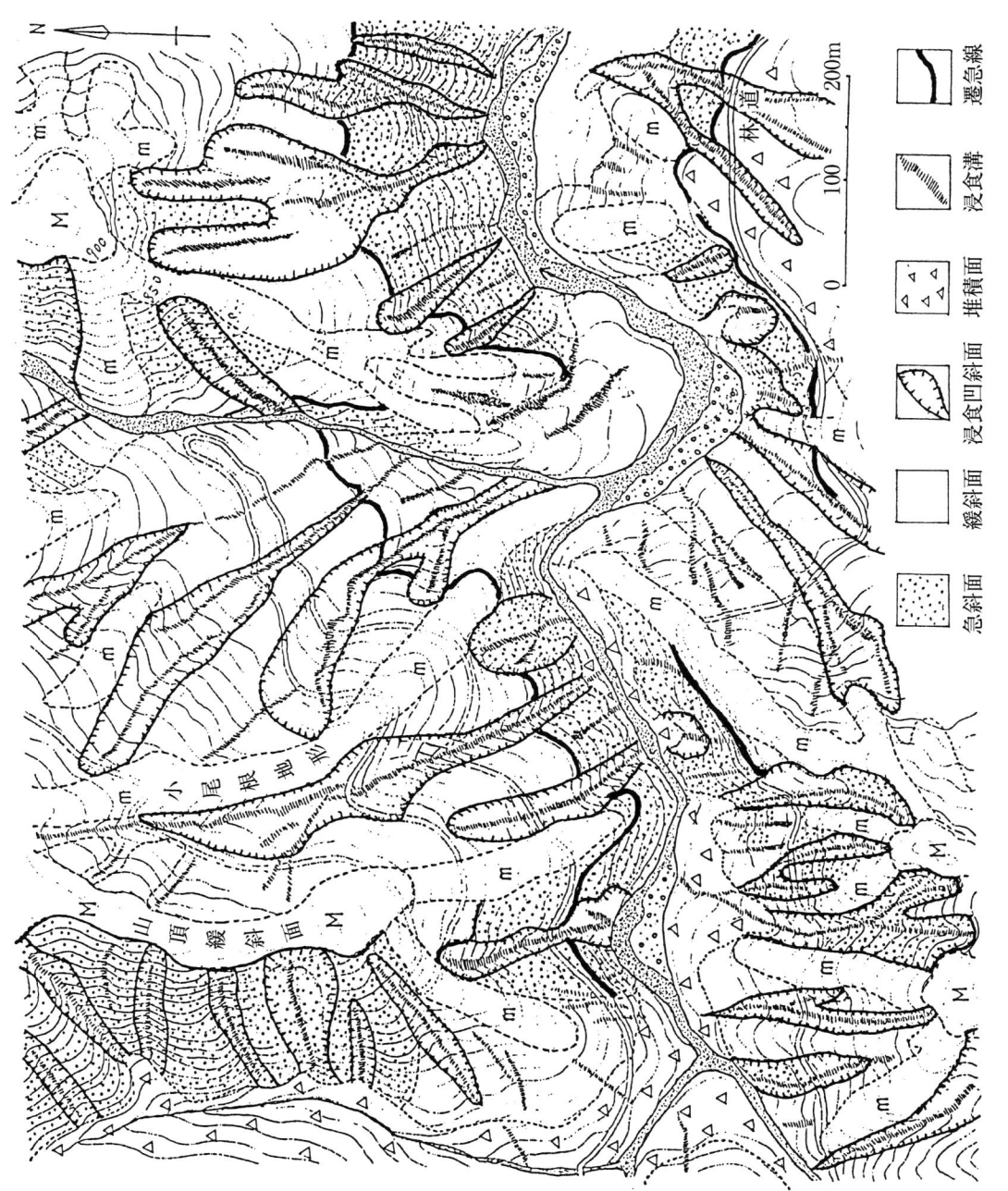

図42 崩壊危険地の予測 I（地形解析図）

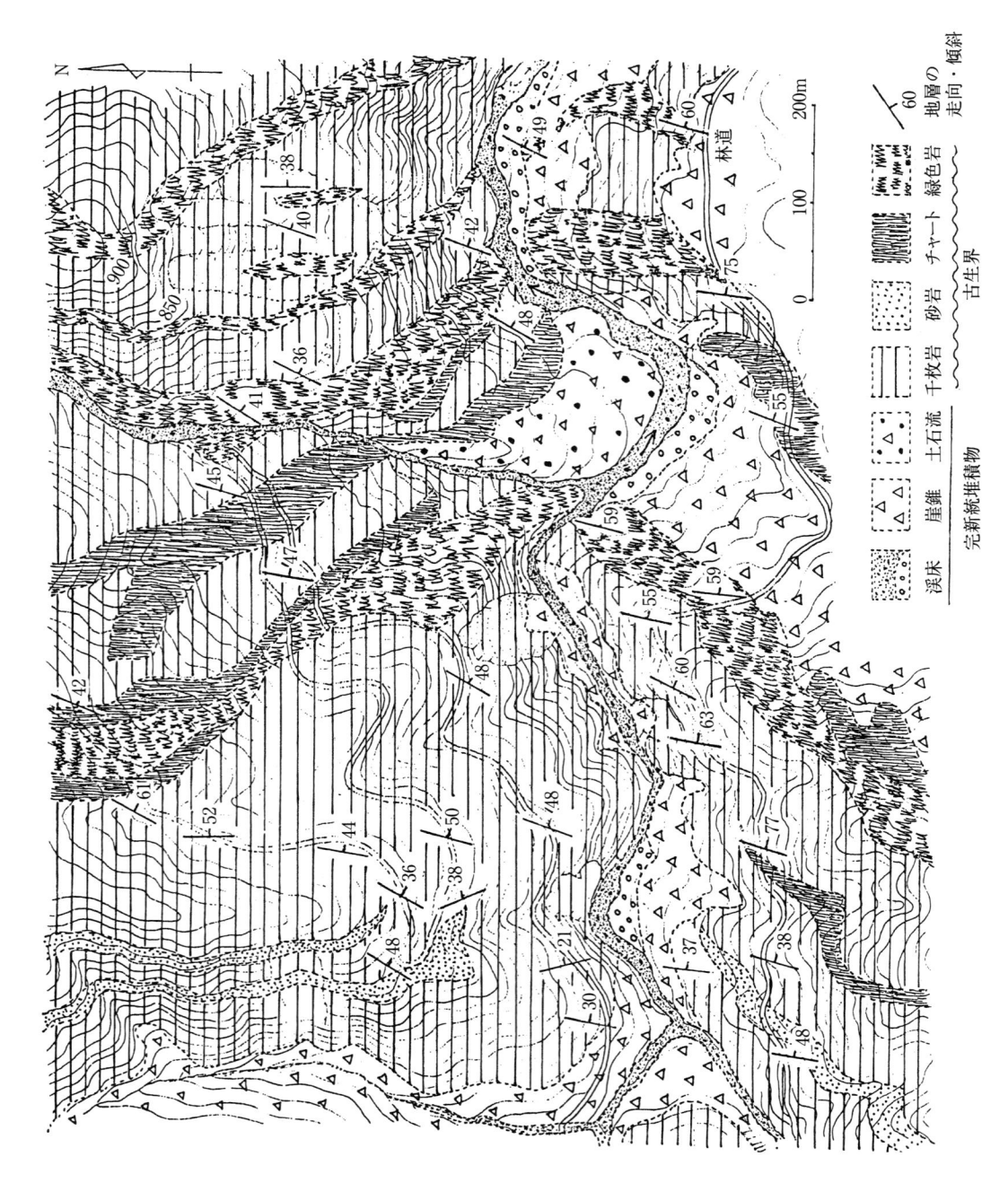

図43 崩壊危険地の予測Ⅱ（地質図）

5 現場で役立つ手法　111

図44　崩壊危険地の予測Ⅲ

ⒸⒻⒽⓂⓀ地点の地質断面図

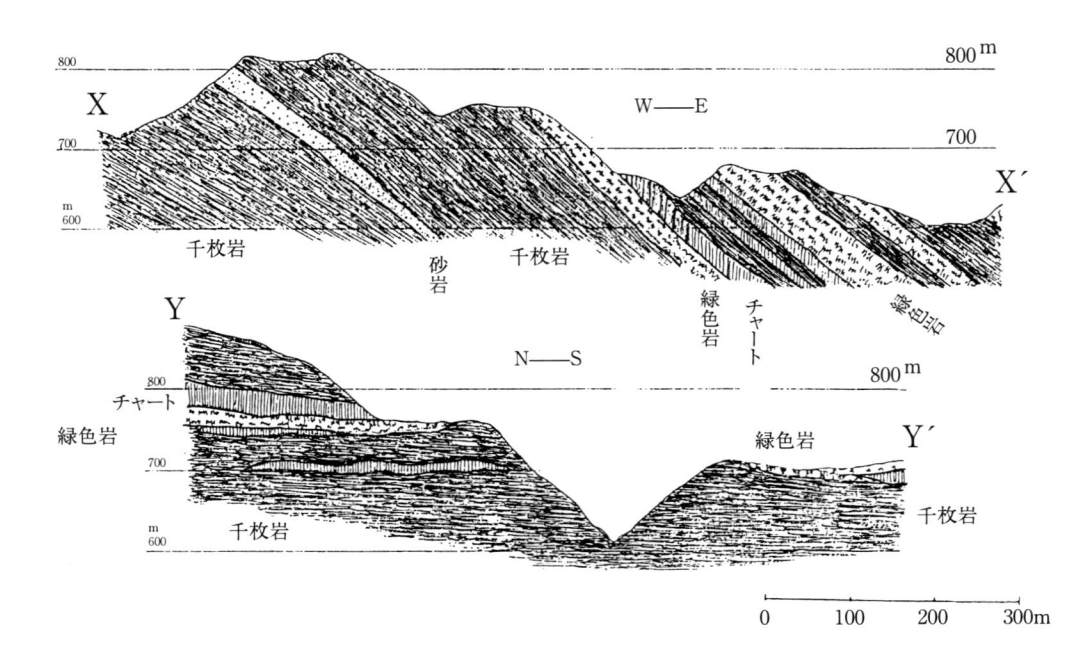

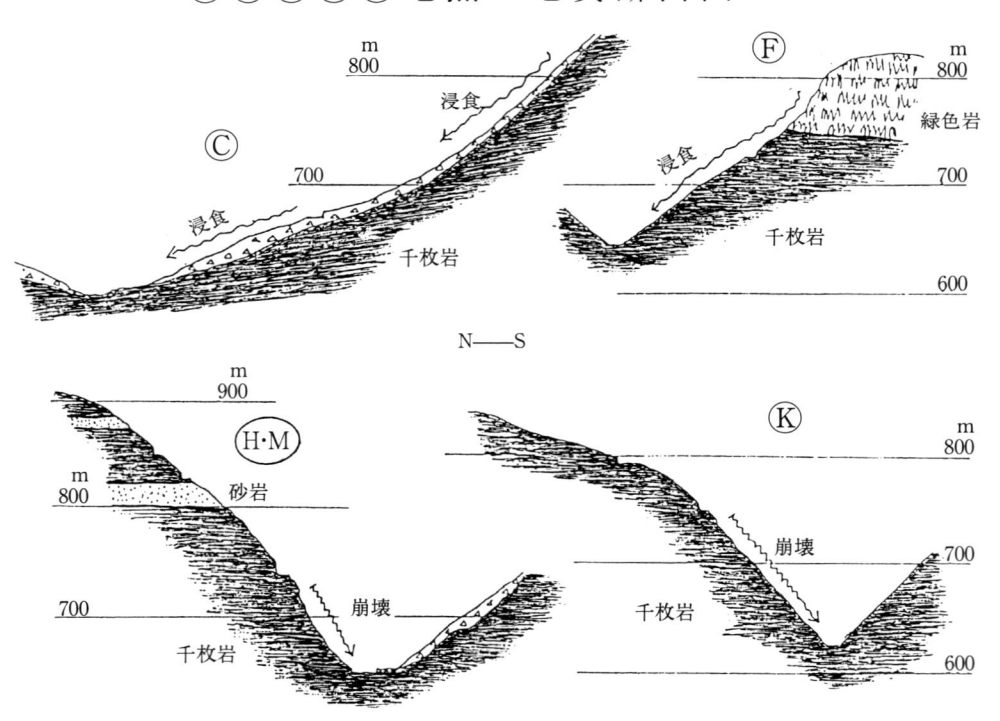

図45 崩壊危険地の予測Ⅳ

5 現場で役立つ手法　113

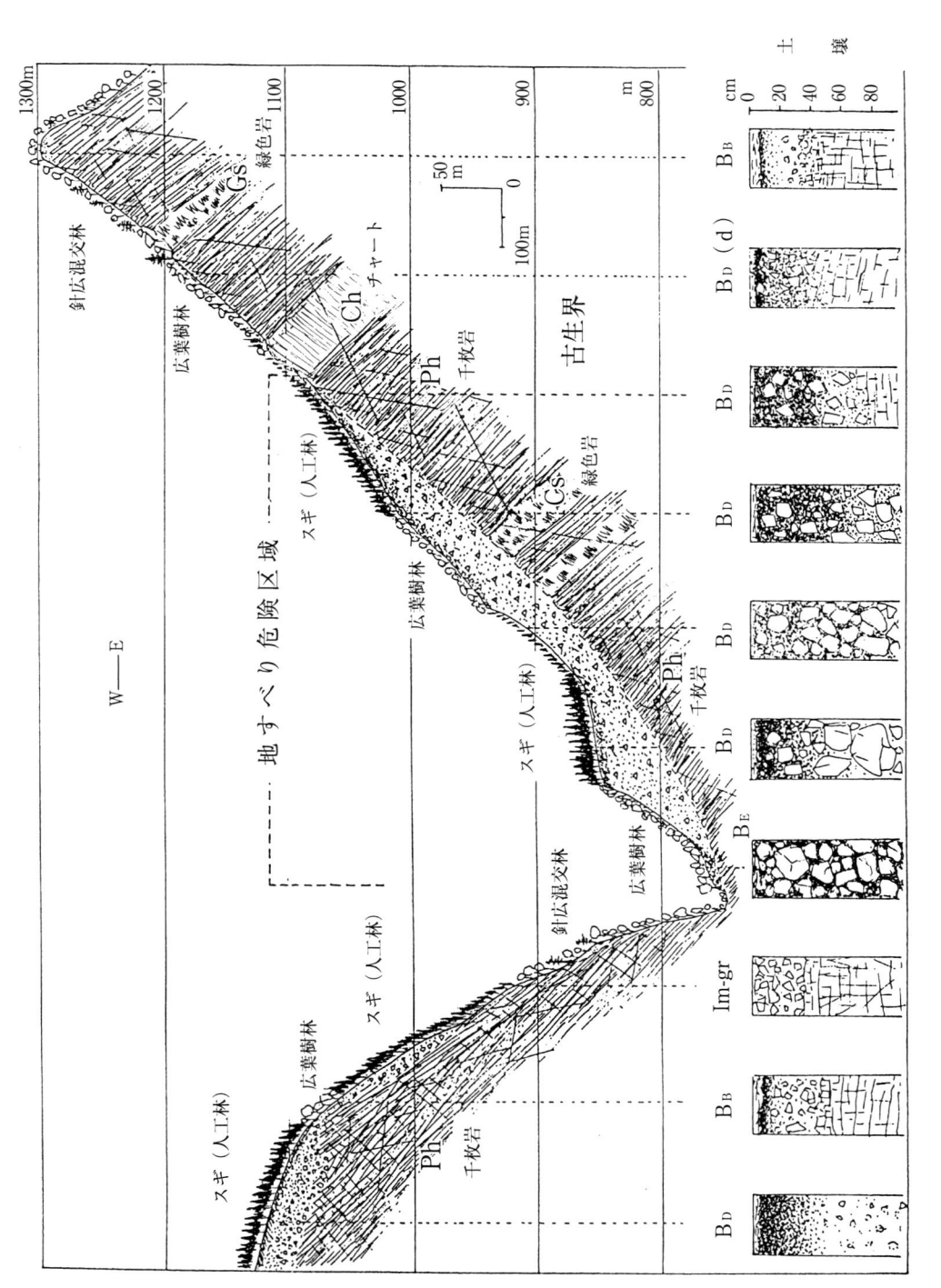

図46　断面図を描いて対策を考えよう

地すべり→土石流　危険地形（平面図）

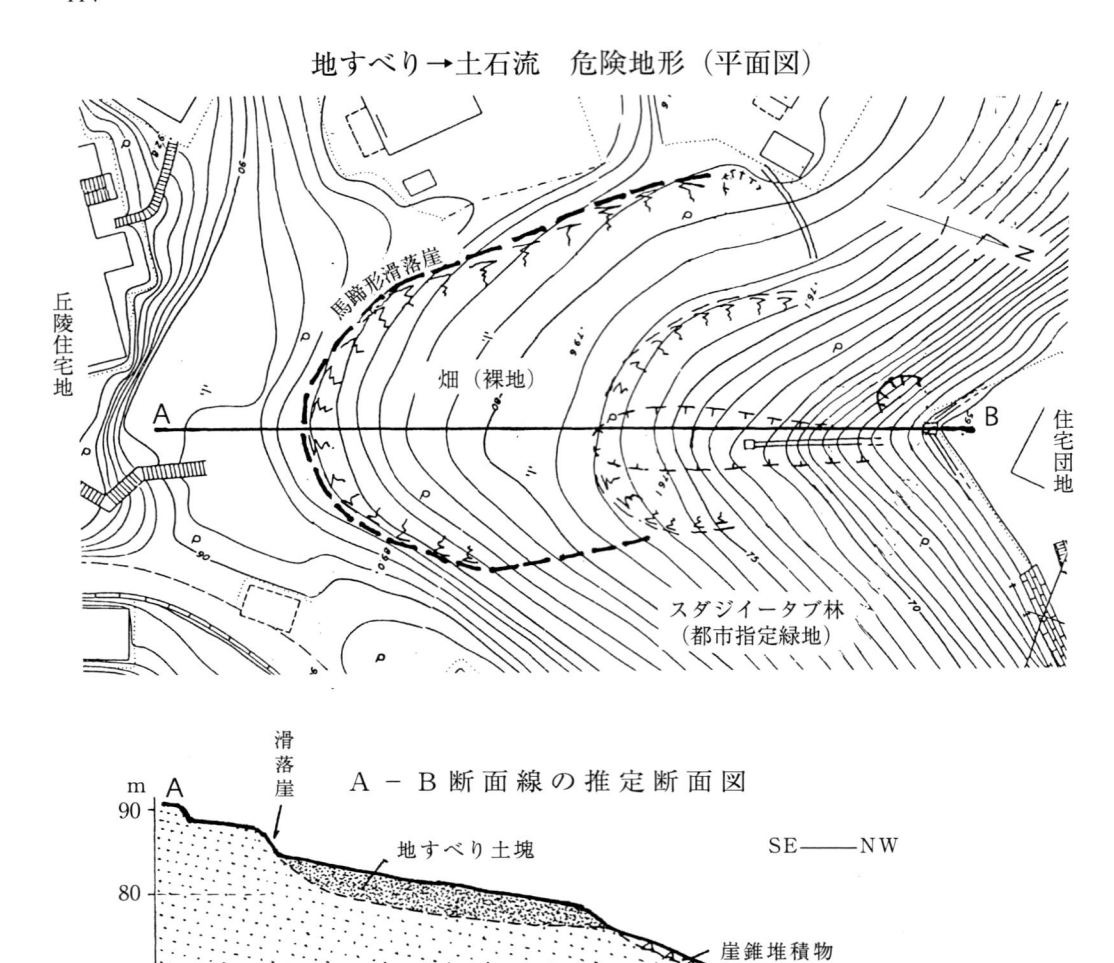

A－B断面線の推定断面図

図47　都市緑地の中の崩壊危険地の例

面図で**図44**の予測資料となりました。

　図46は、同じ現場（四国山地の秩父帯地質区）の模式図で、いろいろな対策を考えるためには好都合の斜面でした。この現場では大規模崩壊が更新世にあったと思われ、谷の形状も完新世になってからの浸食形と符号し、地すべり土塊も「地すべり危険区域」を考える資料となりました。

　大規模崩壊の原因は不明ですが、谷を埋めたとみられる「堰止め湖」は、基盤岩の露出した右岸に排水溝を設ければよいと教示していると思われました。その他には、この地域に「小起伏面」や「山頂緩斜面」の発達がなく、谷壁が急なのも、地質と雨量の影響が大

きい「浸食」だと思われました。

図47は、関東平野南部の丘陵住宅地の中に畑が残っていて、変だな、と調査してみたもので、それが意外にも都市の中の隠された崩壊危険地で、地震と豪雨の条件によっては、住宅を直撃する土砂災害になるかもしれません。

5-3　事業地の予習法

初めて事業地の調査に向かう時、誰でもなんらかの不安や疑問を持ち、地形や地質について効率的に予習する方法があれば、と思うものです。

そこで、ここでは、市販の25,000分の1地形図と、市販あるいは入手可能な地質図を使って、予習のための地質概図をつくる方法を説明します。

5-3-1　地形図の入手

国土地理院発行の「地図一覧図」で予習現地の25,000分の1地形図図名を確認して財団法人日本地図センター（TEL:03(3485)5414）あるいは主要書店で入手します。

5-3-2　地質図の入手

公益社団法人東京地学協会（TEL:03(3261)0809）の「取扱い出版物一覧」から利用しやすい地質図を入手します。

あるいは、独立行政法人産業技術総合研究所の地質調査情報センター（TEL:029(861)3601）に連絡して、必要な地質図を入手します。

5-3-3　予習現地の確認と図割の決定

予習現地の25,000分の1地形図と50,000分の1以上の縮尺地質図が入手できたら、必要な図割を決めます。予習現地の範囲を決めるので、ある程度の地質分布や地質構造の理解と予想も必要になります。

この図割を決めるときに留意すべきことは、地形位置の確認です。特に、同じような地形の中では注意して慎重に図割決定を行って下さい。

次に予習現地の25,000分の1地形図を基準にして、同じ図割の拡大地質図を作成します。

このような地質図の拡大作業は、図の精度からみて決してやるべきではないのですが、予習のための便宜的手段であることを理解しておいて下さい。

5-3-4　予習に必要な断面線の決定

予習したい範囲の代表的な地質断面概図が描けるよう断面線を決定して、わかりやすい

地形断面図を作図します。地形断面図は、縦：横＝１：１縮尺が適当でしょう。

5-3-5　地形断面図に沿って地質断面概図を描く

地形断面図に、同縮尺に拡大した地質平面図から地質の境界を移写すれば、地質断面概

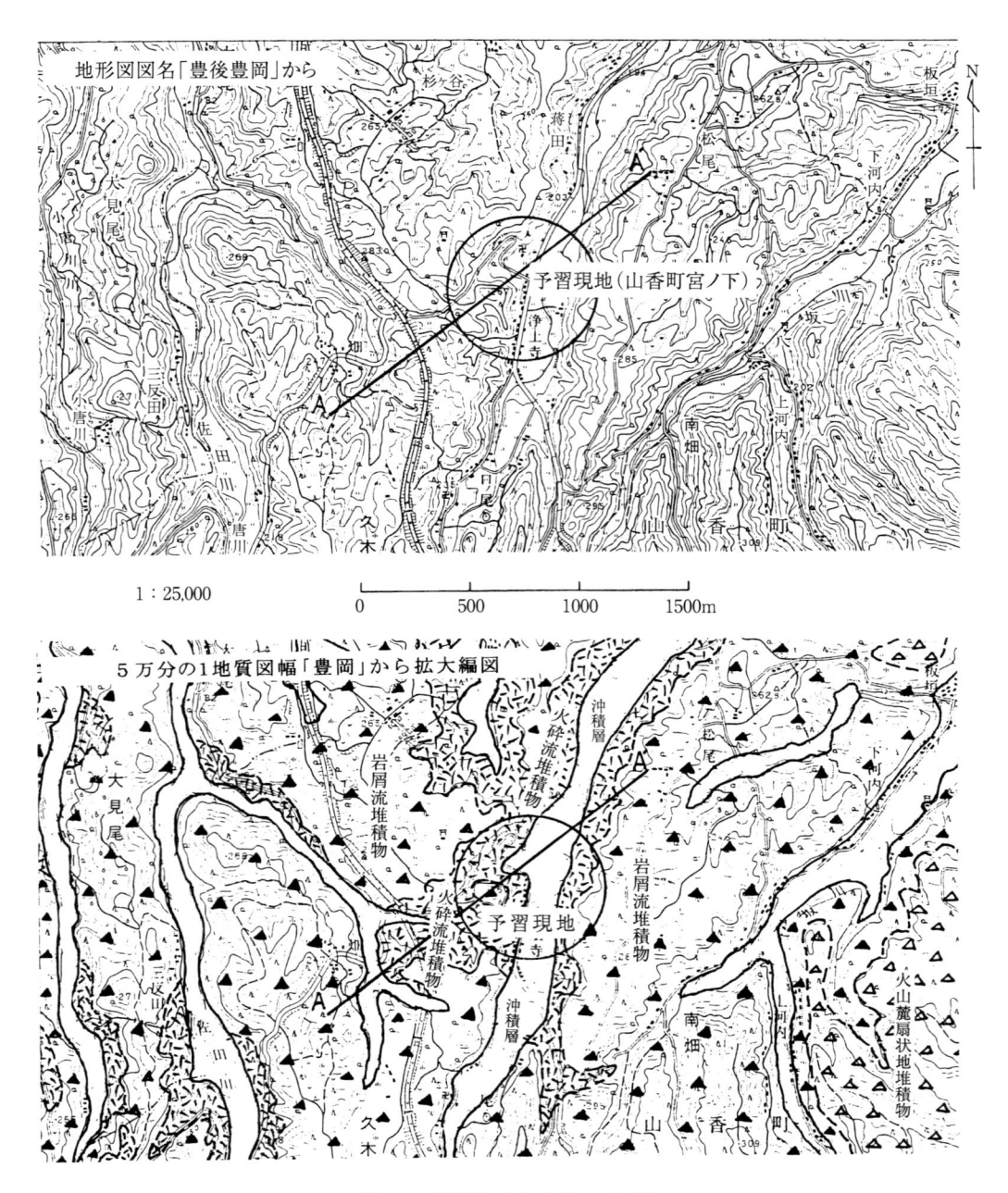

図48　地形図と地質図の図割

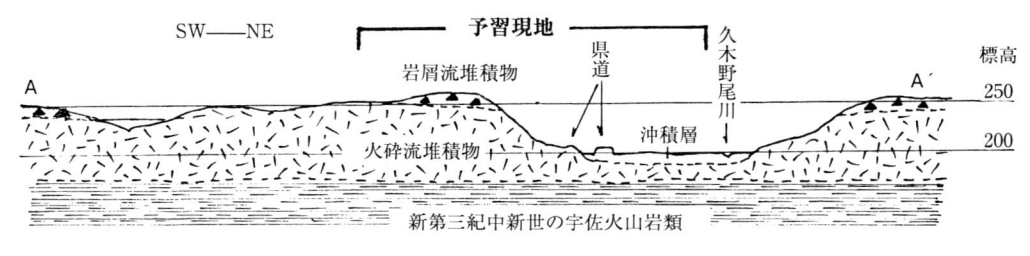

```
SW——NE      予習現地              久木野尾川                    標高
A          岩屑流堆積物    県道                              A'
                                              沖積層              250
              火砕流堆積物                                        200
                       新第三紀中新世の宇佐火山岩類
```

図49　予習現地の模式図

図が得られます。

ただし、これはあくまで予習のための地質断面概図であって、決して調査資料として使用してはならないことに留意して下さい。

図48は、予習現地が200,000分の1の地形図であり、図名は「豊後豊岡」で、50,000分の1の地質図の幅は「豊岡」でした。上図が25,000分の1の地形図、下図が25,000分の1に拡大した地質概図です。予習現地は25,000分の1の地形図を基準にするので、目的地点を含む広い地域になるかもしれませんが、予習現地を把握するという意味はあるでしょう。

図49が目的の地質断面概図です。

図49は、地形や地質がわかりやすいように模式的に描きました。このように予習現地を理解するためであれば、形式や手段にこだわらないで、模式的に描くことも有効です。

5-3-6　予習現地の課題

現地に行く前に得られた**図49**のような情報は、本当かどうか、現地調査で必ず検証しなければなりません。現地調査で得られた実態を基盤に、調査目的により防災計画・開発計画あるいは造成計画を立案すればいいでしょう。

特に留意しなければならないのは、計画地の中の地形・地質的に弱い部分の有無、補強の必要や工法の問題点を、余裕を持って精査することです。そのための予習であることを銘記して下さい。

5-4　クリノメーターの使い方と応用

5-4-1　森林土木技術者の必携具

山腹の方位や傾斜を知るだけでなく、岩石の割れ目や断層の延びなど現地で収集したい現象の多くが、クリノメーターの計測を必要とします。本書で述べてきた地形・地質の問題を解明し、技術的処置を講じようとすれば、クリノメーターの使い方を身につける必要があります。

しかし、なぜか今日までの森林土木技術者は、クリノメーターを常用してきませんでした。これからの技術者はクリノメーターを駆使して、単純な磁力強化や磁極矯正は自分で行い、効率よく現地の情報を得ていくべきです。

そこで、「独習のためのクリノメーターの使い方」を説明していきます。

図50はクリノメーターの表面で、図の上下（長辺）は走向計測の方向であり、文字盤のN−Sと平行になっています。

文字盤の外側の目盛りは、NとSからそれぞれ90°の方位を示しています。

文字盤中央のN−S・E−Wは方位で、E−Wは逆になっていますが、これは走行測定のときに直読するためです。

図50のクリノメーターの指針状態で、走行を計ったとすれば、N40°Eとなります。走行を計るときは、「文字盤のNを起点」に「Nから何度E、あるいはNから何度W」と読み、記載は「N○○°E」とか「N○○°W」とします。

傾斜は走行と直角の方向ですから、クリノメーターを持ち直して、岩盤の傾斜方向にクリノメーターを傾けます。**図50**の指針状態であれば、傾斜は42°ですが、傾斜を計るときに、忘れがちなのが傾斜の方向です。必ず傾斜の方向を野帳かルートマップに記入するよ

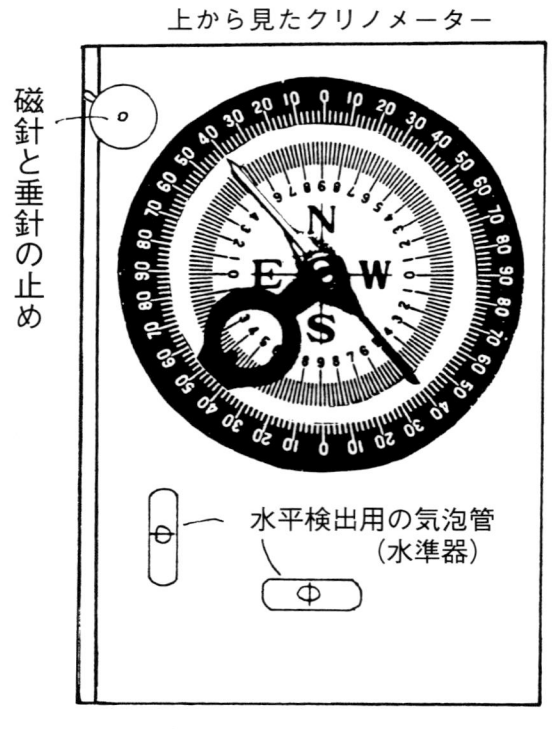

図50　クリノメーター

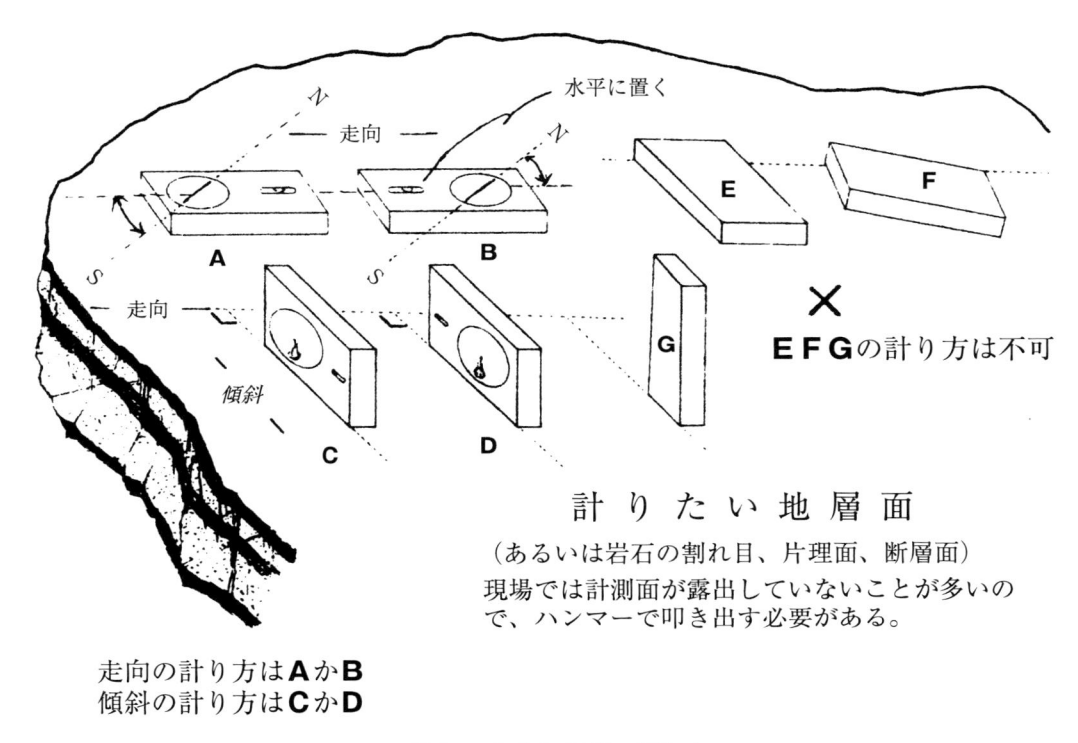

走向の計り方はAかB
傾斜の計り方はCかD

図51 走向と傾斜の測り方

うにして下さい。

図51は走向・傾斜の計り方を図示したもので、計りたい面は、地層面だけでなく、岩石の割れ目、泥質片岩の片理面や火山岩の流理面、現場でお馴染みの断層面があります。片理面や流理面の事例は少ないのですが、劈開面となり割れやすいことがあります。断層面は断層線の延長を探ることによって、崩壊の予測もできます。

5-4-2 クリノメーターを使った地質調査

クリノメーターを使って簡単に地質調査をした実例を紹介しましょう。

図52は、関東山地のダム計画地の踏査図（ルートマップ）の一部分で、5,000分の1事業図を用いました。この地区の大縮尺の地質図はなく、踏査をして地質図をつくるほかなかったので、踏査ルートを決めて図52のように地表地質のチェックを行いました。外業の地表地質のチェックは、地質の境界（ここでは岩質の違い）と走向・傾斜、断層や断層破砕帯の幅などでした。

地質図の作成は、地質図の作図法に従って、地表の境界線を引くべきですが、感覚的に引いてみたものが図53の地質平面図です。地表岩質の境界線を引いたのは、単に「凹地は

地質図の表示は岩相区分のみ
(地表の崖錐堆積物、河床堆積物、段丘堆積物は省略。)

░░░	砂岩
///	粘板岩
▨▨	チャート

地層の走向・傾斜

断層の走向・傾斜
(500)
(断層破砕帯の巾cm)

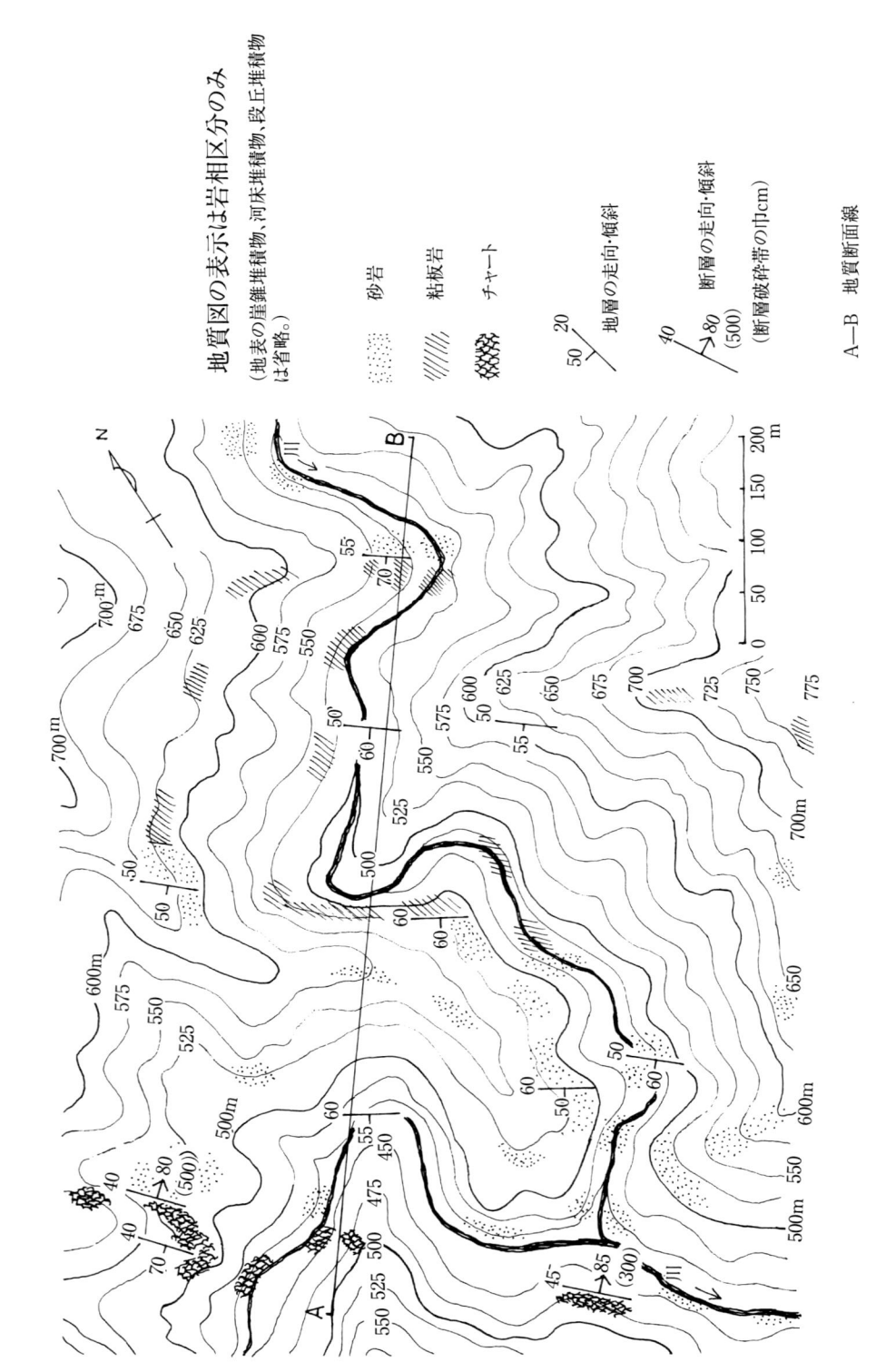

A—B 地質断面線

図52 ルートマップ(踏査図)

5 現場で役立つ手法　121

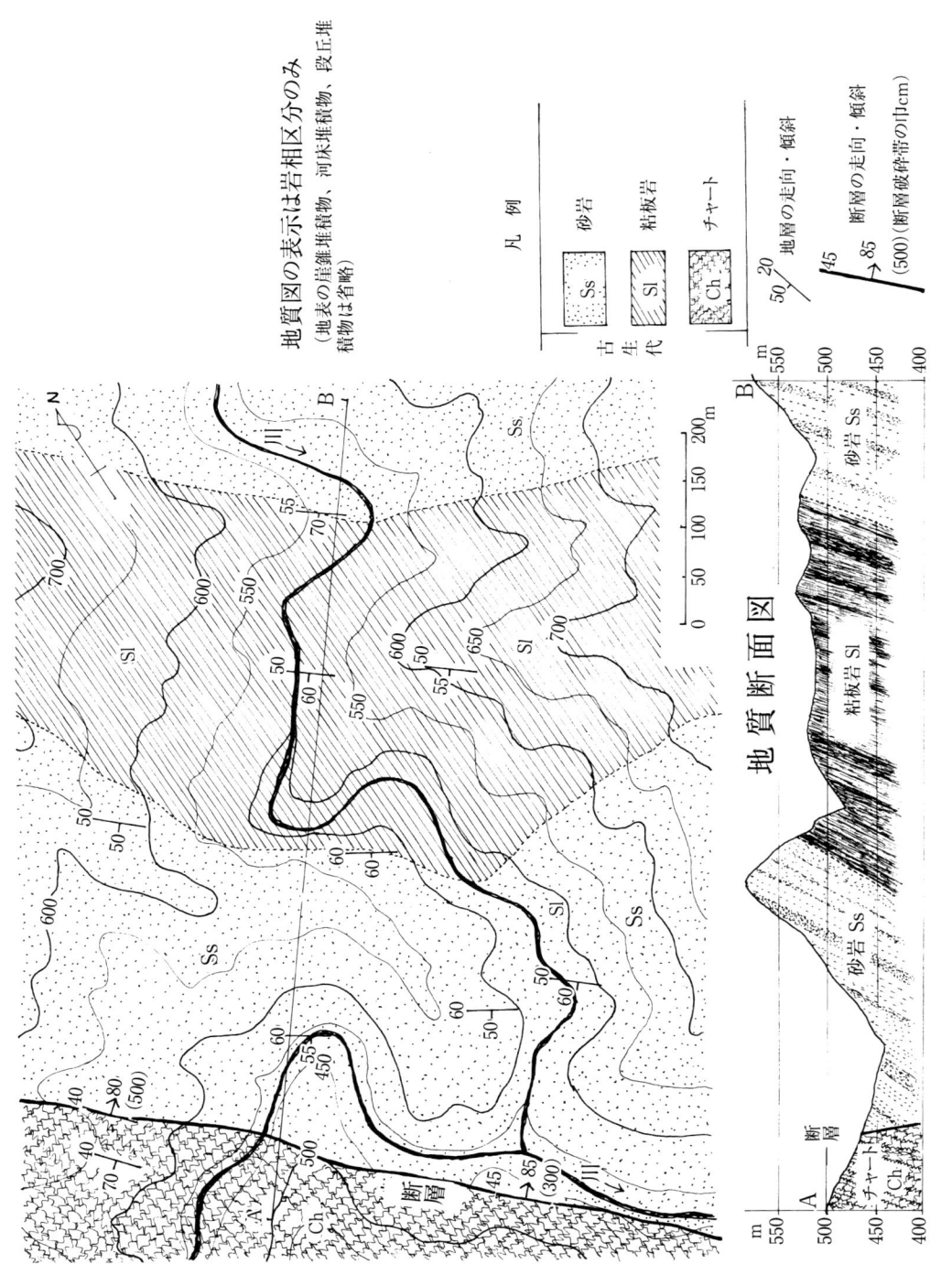

地質図の表示は岩相区分のみ
(地表の崖錐堆積物、河床堆積物、段丘堆積物は省略)

凡　例

古生代	Ss	砂岩
	Sl	粘板岩
	Ch	チャート

50⟋20　45⟋　地層の走向・傾斜
→85　断層の走向・傾斜
(500)　(断層破砕帯の巾cm)

図53　地質図を描いてみる

つっこみ、凸地は膨らみ」という作業でした。

このように感覚的に地質図を作成しましたが、要は、面で凹凸の山を切るときの切れ方を考えればいいわけです。単純な作業による地質境界線でしたが、作図法による地質図とほとんど違わない地質図ができました。

図52のルートマップのように、現地をしっかり歩きさえすれば、森林土木技術者でもできる作業です。

5-4-3　地山と堆積物の違いを診る

ここで紹介する実例は、飛騨山脈北東部の新第三系の地すべり地で、**図54**の谷間の変形地が「地すべり地形」ではないかという疑問から、調査を計画しました。**図54**の平面図のように地質や走向・傾斜を調べてみると、変形地の部分と変形地でない山地とは走向・傾

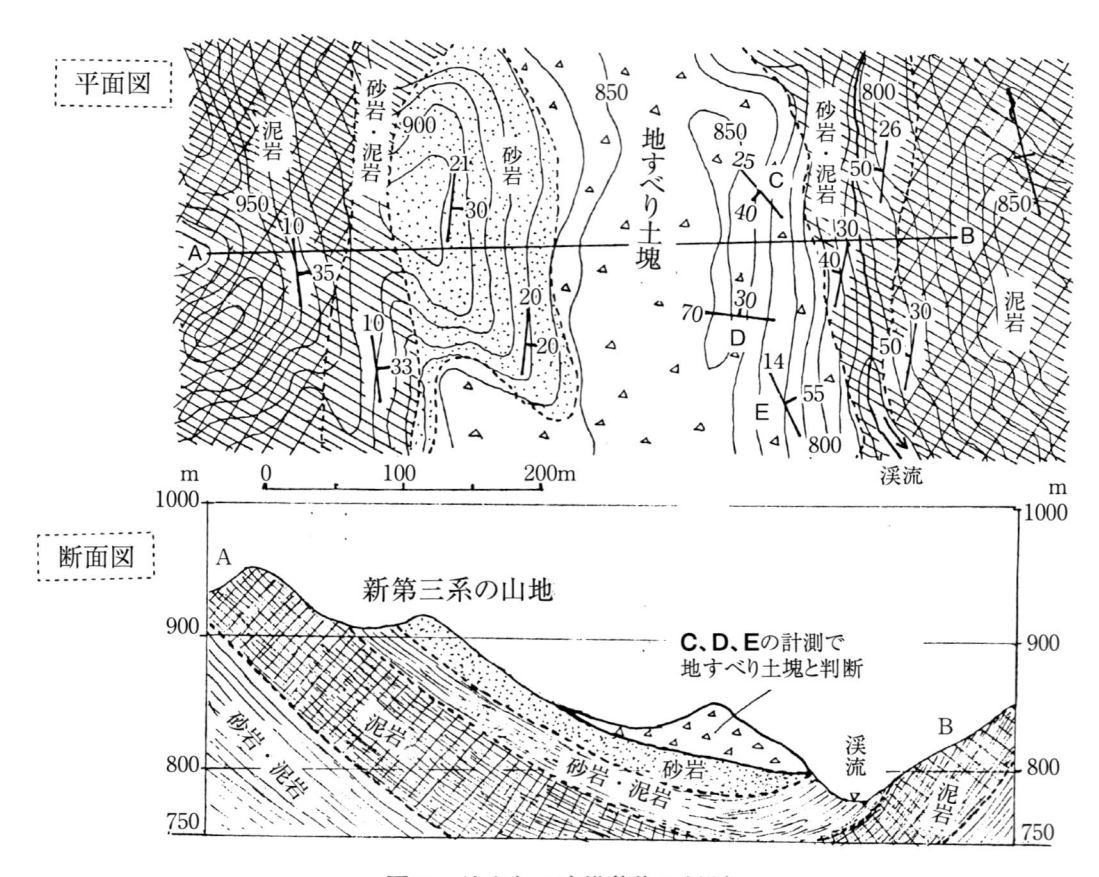

図54　地山と二次堆積物の判断

斜が異なっており、変形地の堆積物には乱れが見られました。

この調査結果から、谷間の変形地が、周辺の地山と異なる「地すべり土塊」と診断されました。

5-4-4 見かけの傾斜と真の傾斜

「見かけの傾斜」と聞くと、耳慣れないと思うかもしれませんが、実は普段見慣れた道端の風景にすぎません。

林道を歩きながら、のり面の地層を見て「急な傾斜だ」とか「急な傾斜と思っていたが、カーブを曲がると水平になった」という経験は、誰にもあることです。

私たちは、ごく自然に「見かけの傾斜」を見ているわけで、地層の傾斜面を真横方向から見たとき、他の方向から見るよりも最も急な傾斜であることも知っています。そして、「地層はこの角度で山を切っている」とつぶやいているのです。

つまり、走向に垂直の面が「真の傾斜」であり、他の面に現れた傾斜はすべて「見かけの傾斜」であることと、「真の傾斜」が「見かけの傾斜」よりも最も急な傾斜であることも知っているわけです。

図55には、走向に垂直の「真の傾斜 c」とA面やB面などの「見かけの傾斜 b」を示しました。

では、「見かけの傾斜」はなぜ必要なのでしょうか。

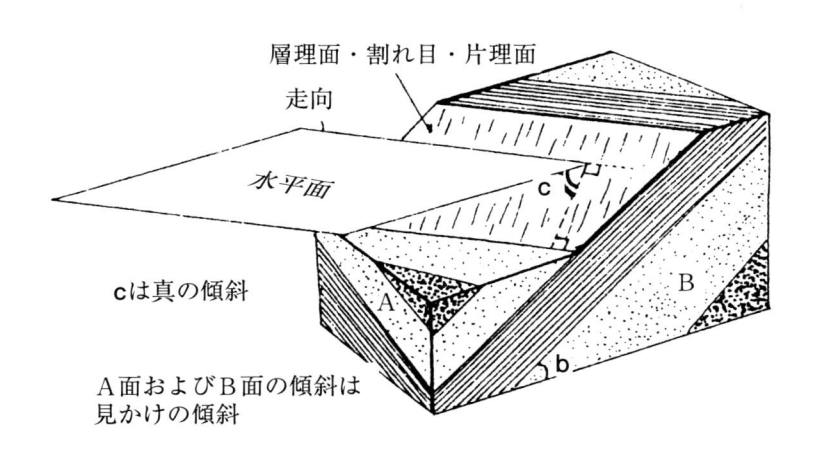

図55 見かけの傾斜と真の傾斜

私たちは、地質の説明をしようとするとき、断面図を描いて説明するのが、最も一般的です。その断面図を描くときに、「見かけの傾斜」で表現しないで、「真の傾斜」を描いて観念的な説明をするのも一般的です。しかし、私たちは森林土木のプロフェッショナルであり、正確な資料で説明すべきです。

例えば、本書の**図23**や**図24**などすべての地質断面図は、その断面に現れる傾斜のままの姿で説明をしなければウソになります。

もし、どうしても「真の傾斜」で説明したいときは、傾斜の方向に断面線をとって説明すればいいのです。

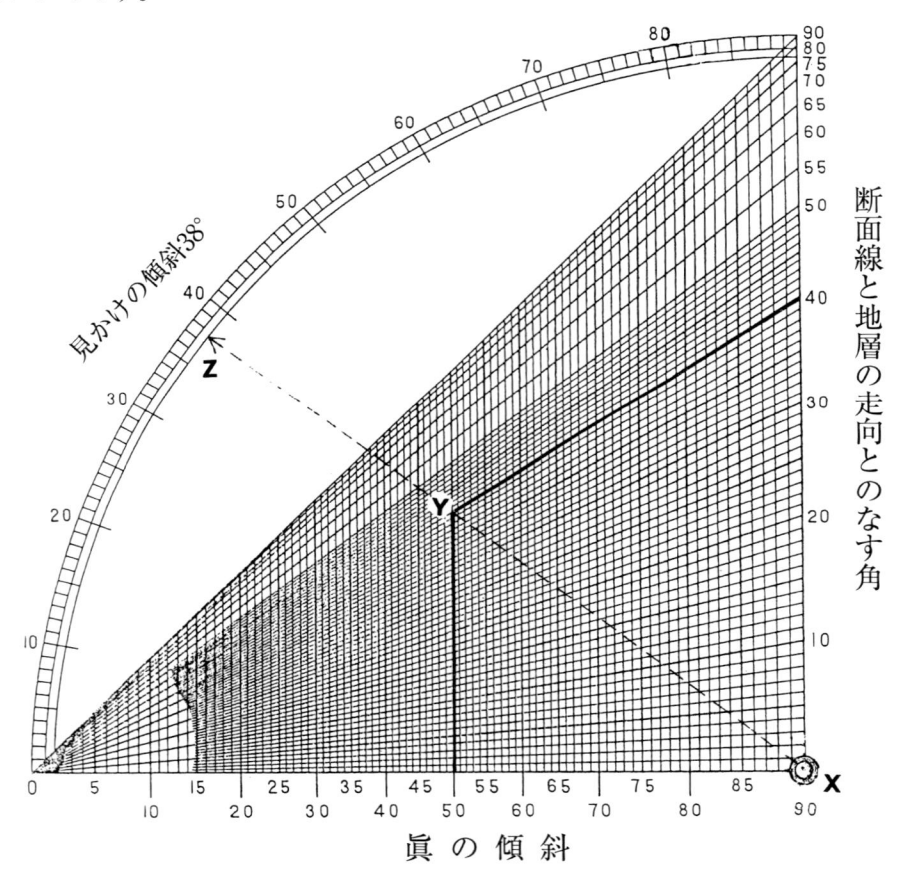

X Y Zを結ぶ示針は**X**を支点の可動式で、現地では使い易い。
図は《真の傾斜５０°・断面線と地層の走向とのなす角度４０°》を示す。
図の場合は、《**見かけの傾斜３８°**》と読む。
X Y Zの示針を動かせば、すべての**見かけの傾斜**が求められる。
ただし、傾斜の方向はこの計測盤では出ないので、要注意！。

図56 市販の『見かけの傾斜』計測盤
真の傾斜50°・断面線と地層の走向とのなす角40°の説明

図56は、市販の「見かけの傾斜計測盤」です。他にも「表」による計算法もありますが、ここでは「計測盤」の説明だけにします。

　計測盤の使い方は簡単で、**図56**の場合は真の傾斜50°（図化しようとする断面線と地層とのなす角40°）であるとして、指針をYに合わせれば、見かけの傾斜指針は傾斜38°を示します。

5-4-5　受け盤と流れ盤

　横道にそれるようですが、使い慣れると便利ですので「シュミット網によるステレオ投影」に触れておきます。シュミットというロシアの地球物理学者によって考案され、地質学では鉱物構成の解明に利用されている方法ですが、私たちは単純に岩石の割れ目、地層

N40°E・NW30° の投影説明図

A——B 走向

AOBC……傾斜面

P…極（ポール）

すべての面は
極で表現できる

下半球投影または南半球投影

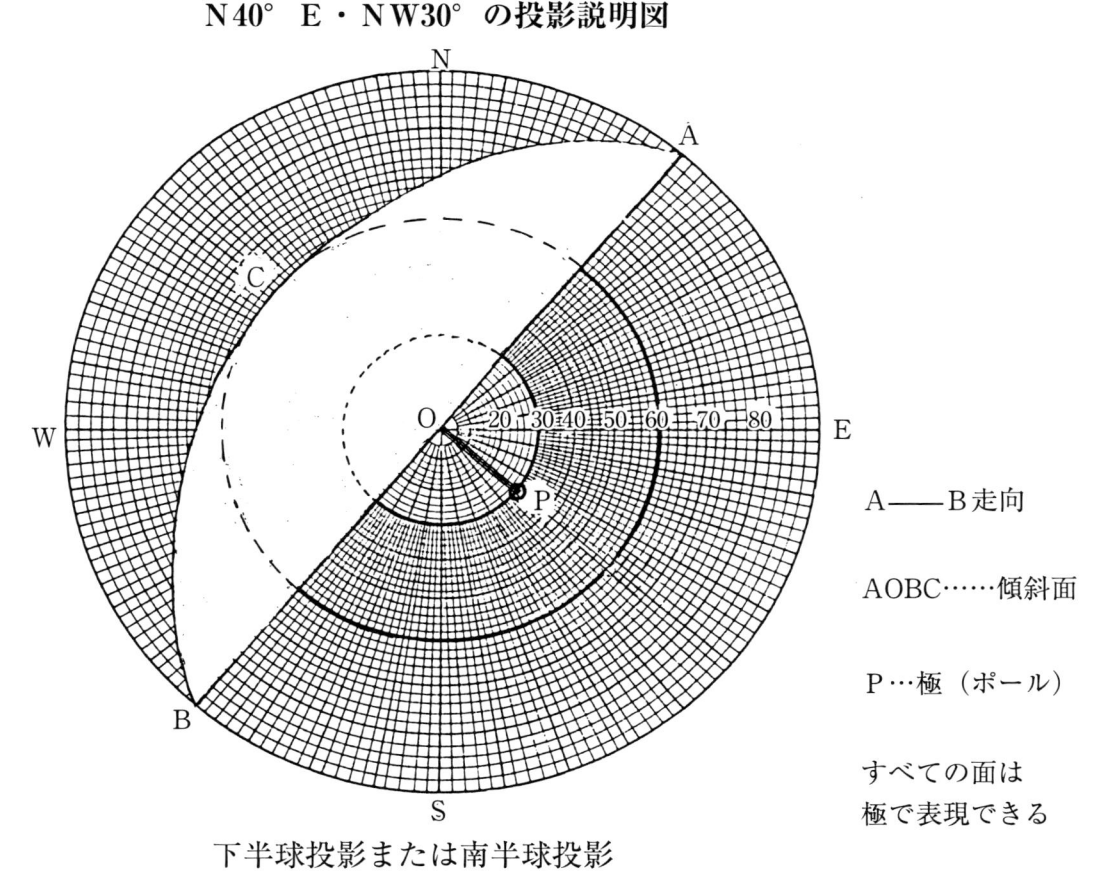

図57　シュミットネット

岩石の割れ目（節理・亀裂）、地層の層理面、断層面および片理面や流理面の集中度・傾向などの調査・集計に利用できます。

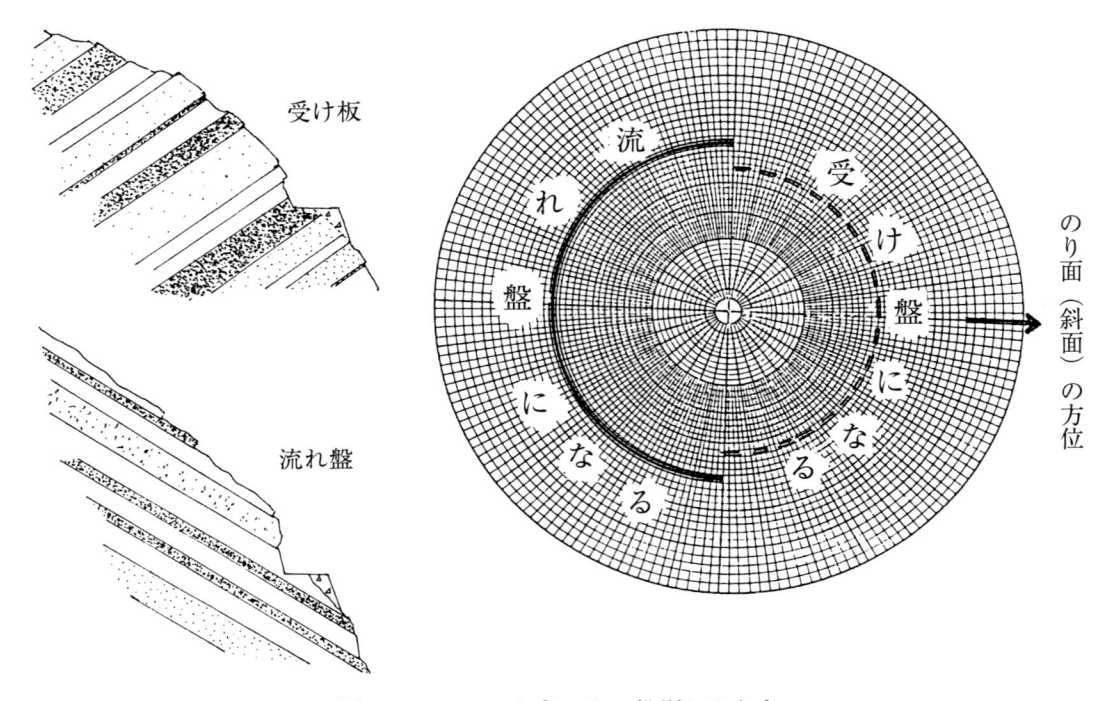

図58 シュミットネットに投影したとき

面、断層面、片理面、流理面などの実用的分野で利用できればいいでしょう。

図57の下半球に、面の走向・傾斜を考えて、「走向Ｎ40°Ｅ・傾斜ＮＷ30°」を表現すると、白抜きの半円板になり、さらに中心点から垂直の半径の棒を下半球に向かって立てると、Ｐ点になります。Ｐ点は極（ポール）と呼ばれています。このような表現を下半球投影または南半球投影といい、Ｐ点によってすべての面が表現できます。つまり、極を示せばすべての面は表現できるということです。

図58は地層の受け盤・流れ盤を示し、シュミットネットにＰ点（極）を入れた場合、のり面の方位が決まれば、受け盤・流れ盤も区別できることを表しました。現地では受け盤・流れ盤の区別が困難なことも多いのですが、シュミットネットを使えば簡明になります。

図59は、本書の**写真40**（p.60、足尾山地の流れ盤斜面の例）を、クリノメーターを使って計測した事例です。クリノメーターの計測によって、このようにわかりやすい図が描けます。

5 現場で役立つ手法　127

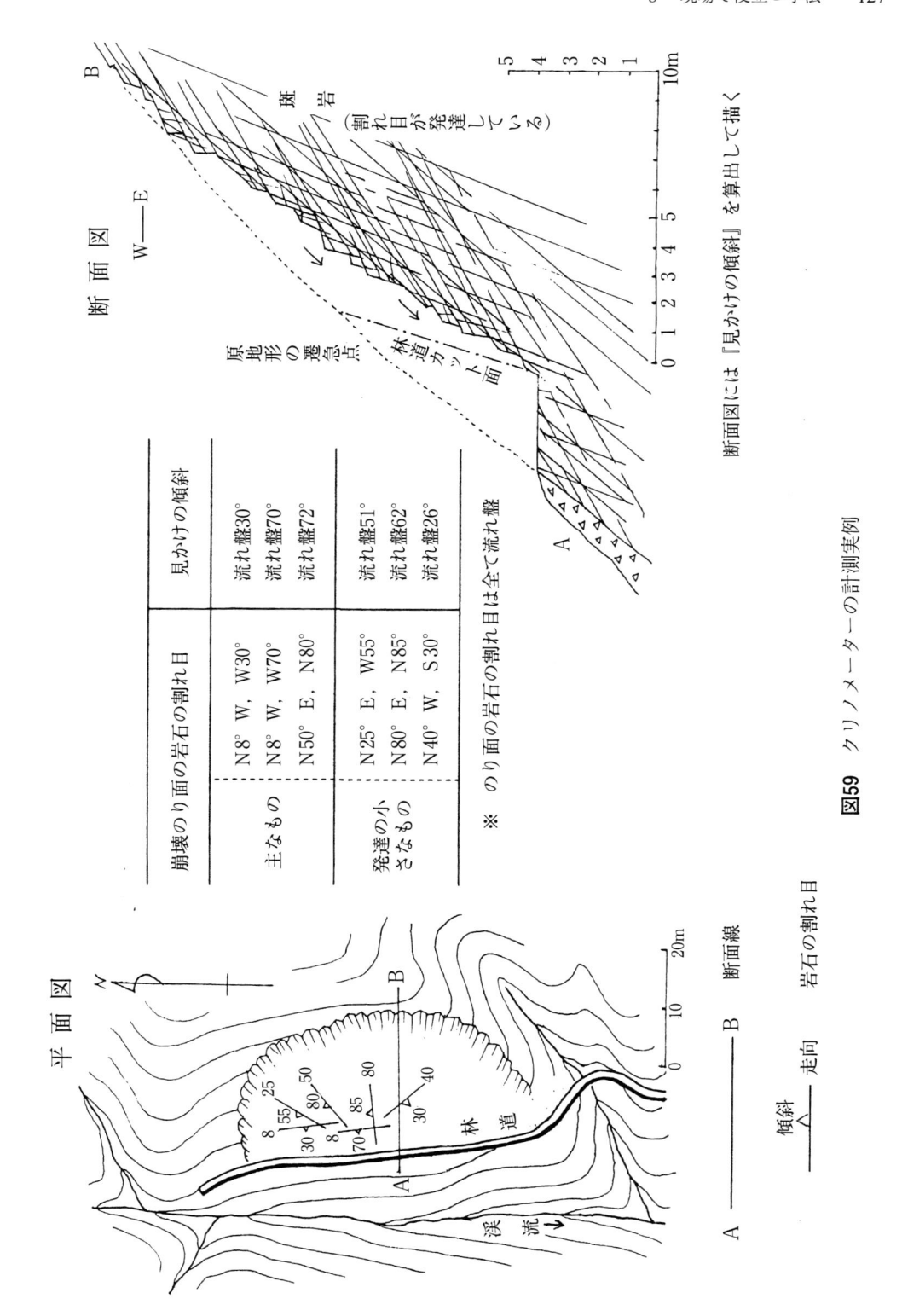

断面図 W—E

斑岩
（割れ目が発達している）

原地形の遷急点
林道カット面

断面図には「見かけの傾斜」を算出して描く

崩壊のり面の岩石の割れ目		見かけの傾斜
主なもの	N8°W, W30° N8°W, W70° N50°E, N80°	流れ盤30° 流れ盤70° 流れ盤72°
発達の小さなもの	N25°E, W55° N80°E, N85° N40°W, S30°	流れ盤51° 流れ盤62° 流れ盤26°

※ のり面の岩石の割れ目は全て流れ盤

平面図

A————B 断面線

傾斜　走向　岩石の割れ目

図59　クリノメーターの計測実例

あとがき

　本書の上梓は、元大分県治山林道協会専務理事・山田兼三さんの勧めと尽力によって実現しました。本書の構想は1995年に企画され、そのまま私の怠慢から放置されていましたが、山田さんの誘進で筆を執り直しました。

　本書を出版したのは、私の自然観に技術的な思考があるとしたら、若い人たちにバトンタッチしておきたい、という密かな希いからでした。

　1969年から2002年まで、林野庁の林業講習所（現森林技術総合研修所）で治山・林道・林地開発の講義を担当したのも、また㈳日本治山治水協会や県の研修を引き受けたのも、その一端でした。

　私の自然観を育てて下さったのは、諸先輩の中でも小出　博・井尻正二・湊　正雄の三博士であり、厳しく自然への姿勢を質して下さいました。守屋以智雄・千葉とき子の両博士は、惜しみない友情で教示下さいました。そして日本列島と共共に勉強してきた方々に、伏して御礼申し上げます。

　この本の編纂中、ご専門の立場から修正意見を多数頂きました。最近の世界的大地震、第四紀の編年、第四紀後半のテフラ編年など、いずれも大事な問題ですが文献の出版時の認識で、技術的判断を誤ることは有りませんので、御指摘の修正はしませんでした。御指摘の皆さんには心から感謝致します。指摘と関連して幾つかの議論もあり、その中の一つに「日本では原発は大丈夫か」の問題がありましたが、現在の原発技術と日本列島の立地では原発の適地はない、と言えましょう。

　上梓に当たっては㈳日本治山治水協会専務理事山田壽夫氏・㈱日本林業調査会代表取締役辻潔氏の尽力を賜り、厚く感謝いたします。

引用図の出典と参考書

引用図の出典

図1　中村一明・松田時彦・守屋以智雄（1987）：日本の自然シリーズ、火山と地震の国、岩波書店、p.1の岸本清行（1986）。

図2　貝塚爽平・成瀬　洋・太田陽子（1985）：日本の自然シリーズ、日本の平野と海岸、岩波書店、p.13、15。

図3　次の4文献から編図

　　　堀川芳雄（1972）：日本植物分布図譜、学研。

　　　吉岡邦治（1972）：植物地理学（生態学講座12）、共立出版。

　　　安田喜憲（1980）：環境考古学、NHKブックス。

　　　貝塚爽平・鎮西清高（1986）：日本の自然シリーズ、日本の山、岩波書店。

図4　小泉武栄・清水長正（1992）：山の自然学入門、古今書院、巻末。

図5　日本第四紀学会編（1987）：日本第四紀地図、東京大学出版会、付図Ⅱの第四紀構造運動図。

図6　貝塚爽平（1992）：理科年表、丸善、p.675。

図7　鎮西清高・貝塚爽平（1986）：日本の自然シリーズ、日本の山、岩波書店、p.17。

図8　斉藤靖二（1992）：日本列島の生い立ちを読む、岩波書店、p.133。

図9　町田　洋・小島圭二・高橋　裕・福田正己（1986）：日本の自然シリーズ、自然の猛威、岩波書店、p.18。

図10　町田　洋・小島圭二・高橋　裕・福田正己（1986）：日本の自然シリーズ、自然の猛威、岩波書店、p.8―9。

図11　地質調査所：標本館展示図、（1991）。荒巻重雄（1979）：火砕流の分類。

図12　中村一明・松田時彦・守屋以智雄（1987）：日本の自然シリーズ、火山と地震の国、岩波書店、p.7の吉井敏尅（1978）。

図13　日本第四紀学会編（1987）：日本第四紀地図、東京大学出版会、付図ⅠのB中央日本から編図。

図14　阪口　豊・高橋　裕・大森博雄（1986）：日本の自然シリーズ、日本の川、岩波書店、p.229―230の大森博雄（1983a,b.）。

図15　町田　洋・小島圭二・高橋　裕・福田正己（1986）：日本の自然シリーズ、自然の猛威、岩波書店、p.112―113の町田　洋（1984）とp.19の小島圭二（1980）。

図16　町田　洋・新井房夫（1994）：理科年表、丸善（株）、p.659―660。

写真58、59、62、63、64、66、67、68、69、70は千葉とき子の製作撮影（1987〜1993）。

参考書

貝塚爽平他8編（2000〜2004）：日本の地形（全7巻）、東京大学出版会。

「日本の地質」刊行委員会編（1986〜2005）：日本の地質、（全9巻・増補版）、共立出版。

地学団体研究会編（1996）：新版地学事典、平凡社。

町田　貞他5編（1981）：地形学辞典、二宮書店。

日本第四紀学会編（1987）：日本第四紀地図、東京大学出版会。

関　陽太郎（1983）：建設技術者のための岩石学、共立出版。

〈著者紹介〉

牧野道幸（旧姓向野）　大正13年9月30日生まれ
（まきの みちゆき）　　（むくの）

本籍地　愛知県名古屋市緑区鳴海町字乙子山86―1
現住所　同上
略　歴
1924年　福岡県吉富町で生まれる。
1942年　大分県立中津中学校卒業。
1944年　水原農林専門学校林学科卒業。
1944〜1947年　（株）南満州鉄道土們嶺造林試験所勤務・兵役。
　　　　　　　　　　　（ともんれい）
1947年　林野局嘱託古川営林署勤務。
1961年　農学博士（九州大学）。
1968年　六日町営林署長を退職。
1969年　技術士（林業・治山）。
1970年　（株）応用地質技師長を退職。
　　　　　（おうよう ち しつ）
1970年〜1999年　（株）立地研究所を設立。
　　　　　　　　　　　（りっち けんきゅうしょ）
1970〜2002年　林野庁林業講習所（現森林技術総合研修所）ほかで研修講師。

2013年3月25日　第1版第1刷発行
2013年9月25日　第1版第2刷発行

図説　森林土木と地形・地質

著　者 ──────── 牧野 道幸
カバー・デザイン ─── 峯元 洋子
発　行 ──────── ㈳日本治山治水協会
　　　　　　　　　　　〒100-0014
　　　　　　　　　　　東京都千代田区永田町2‐4‐3
　　　　　　　　　　　TEL 03-3581-2288　FAX 03-3581-1410

発　売 ──────── 森と木と人のつながりを考える
　　　　　　　　　　　㈱日 本 林 業 調 査 会
　　　　　　　　　　　〒160-0004
　　　　　　　　　　　東京都新宿区四谷2‐8　岡本ビル405
　　　　　　　　　　　TEL 03-6457-8381　FAX 03-6457-8382
　　　　　　　　　　　http://www.j-fic.com/

印刷所 ──────── 藤原印刷㈱

定価はカバーに表示してあります。
許可なく転載、複製を禁じます。

© 2013 Printed in Japan. Makino Michiyuki

ISBN978-4-88965-227-7

再生紙をつかっています。